国家科技基础条件平台——地球系统科学数据共享平台

科技基础性工作专项项目(2007FY110300、2011FY110400、2013FY114600)

中国科学院信息化专项项目(XXH12504-1-01)　　　　　　联合资助

江苏省地理信息资源开发与利用协同创新中心

地球系统科学数据集成共享研究：标准视角

王卷乐　著

气象出版社

China Meteorological Press

内 容 简 介

《地球系统科学数据集成共享研究：标准视角》面向地球系统科学数据集成与共享的难题，立足标准视角分析了数据集成共享的内涵和需求，建立了地球系统科学数据集成共享标准规范体系，研制了地球系统科学数据共享元数据、数据分类等核心规范；形成以元数据为核心的科学数据集成共享技术框架，研究了元数据互操作关键技术，建立数据质量评价模型；开展了国家地球系统科学数据共享平台的数据资源集成共享和典型区域科学数据集成应用，并将这些标准和技术拓展应用到国家科技计划项目数据汇交管理。

本书可供科学数据管理与开放共享相关研究和管理人员以及从事地球科学研究、资源环境调查、自然资源管理与人地关系综合分析等应用研究的科研人员和信息处理的技术人员以及相关学科的教师和研究生参考。

图书在版编目(CIP)数据

地球系统科学数据集成共享研究：标准视角/王卷乐著.
—北京：气象出版社，2015.9
ISBN 978-7-5029-6221-0

Ⅰ．①地…　Ⅱ．①王…　Ⅲ．①地球系统科学—数据处理—研究
Ⅳ．①P

中国版本图书馆 CIP 数据核字(2015)第 219606 号

Diqiu Xitong Kexue Shuju Jicheng Gongxiang Yanjiu：Biaozhun Shijiao
地球系统科学数据集成共享研究：标准视角
王卷乐　著

出版发行：气象出版社

地　址：北京市海淀区中关村南大街 46 号		**邮政编码**：100081
总 编 室：010-68407112		**发 行 部**：010-68409198
网　址：http://www.qxcbs.com		**E-mail**：qxcbs@cma.gov.cn
责任编辑：李太宇		**终　审**：章澄昌
封面设计：博雅思企划		**责任技编**：赵相宁
印　刷：北京中新伟业印刷有限公司		
开　本：787 mm×1092 mm　1/16		**印　张**：12.5
字　数：320 千字		
版　次：2015 年 10 月第 1 版		**印　次**：2015 年 10 月第 1 次印刷
定　价：60.00 元		

序

　　科学数据资源通常可以分为两大类型：一类是行业部门按照统一的规范标准长期采集和管理的科学数据；一类是国家各类科技计划项目在研究过程中产生的以及为支持科学研究而通过观测、监测、试验等站点采集的研究型科学数据。这两类数据都是科学数据共享中必须进行整合集成并为科技创新提供支撑服务的数据资源。然而，由于研究型科学数据分散性大、分布面广、标准化程度低，且资源量大，从而给科学数据资源整合和共享带来了更大的难度。

　　王卷乐博士针对地球系统科学数据整合集成中的难题，结合国家地球系统科学数据共享平台建设等相关实践，从数据共享标准规范入手，以标准视角对研究型数据整合集成的标准体系、技术框架和应用实践等方面开展了系统研究：一，分析了地球系统科学数据集成共享的内涵和需求，建立了地球系统科学数据共享标准规范参考模型，主持制定了地球系统科学数据共享元数据、分类编码等核心标准规范，并开展相关国家标准的制定，为推进地球系统科学数据规范化集成共享提供了标准支持；二，以元数据为核心形成了多学科、多源数据整合集成和发布技术框架，研究了地学元数据互操作的关键技术，制定了地学数据的质量评价模型并开展实践，可为科学数据的集成共享提供技术参考；三，开展了国家地球系统科学数据共享平台的数据整合集成、典型区域科学数据整编等实践，并将科学数据集成共享标准规范成果拓展应用于国家科技计划项目数据汇交管理，可为相关领域的科学数据集成共享实践提供借鉴。

　　本书系统地将该研究中的发现和成果展示给读者。这些成果正随着国家科技基础条件平台——地球系统科学数据共享平台的发展而推广应用，同时也与世界数据系统（WDS）等相关国际数据组织的科学数据共享活动接轨。希望这一研究能够在未来更深入地开展，并在国际和我国科学数据管理与开放共享中发挥更大的作用。

中国工程院院士

2015 年 7 月 25 日

前　言

　　地球系统科学是从行星地球角度出发，将地球大气圈、水圈、冰雪圈、岩石圈和生物圈看作一个相互联系的有机整体（地球系统），是综合研究各圈层形成机理、变化规律及其相互作用并为区域可持续发展和全球变化研究提供理论依据和调控方法的学科。地球系统科学研究近年来如火如荼地开展，凸显了基础科学数据支撑不足的问题。随着全球变化、地球圈层关系与机理、人地关系与环境效应等重大科学计划的进展，越来越需要这些多年沉淀和积累的科学数据资源支撑。当前的数据分散、条块分割、难以共享严重阻碍了我国基础科学的研究和发展，并且还无谓地增加了大量的低水平数据资源重复建设，造成严重的浪费。

　　针对地球系统科学数据的集成和共享问题，本研究从标准视角建立地球系统科学数据集成共享的标准规范体系，分析其集成共享技术框架，并在国家地球系统科学数据共享平台中开展实践。全书共分四部分11章。第一部分是第1章和第2章，介绍科学数据共享的概况，并针对地球系统科学研究数据的特点分析其整合集成的内涵和需求。第二部分包括第3、4、5章，分别是地球系统科学数据共享标准规范体系、元数据标准和数据分类标准，统筹设计了包括指导标准、通用标准和专用标准三个层次，内外兼容的地球系统科学数据共享标准参考模型；参考模型涵盖概念术语、数据分类、描述、集成、建库、分发、服务和质量控制等内容，为地球系统科学数据集成共享标准的科学制定提供了顶层的指导依据；以ISO 19115元数据标准为基础，建立了可扩展的地球系统科学数据共享元数据标准；以用户数据共享服务为导向，建立了扁平化的地球系统科学数据主分类与编码体系。第三部分是技术篇，分别在第6章介绍了以元数据为核心的地球系统科学数据整合集成技术体系，第7章介绍了地学元数据互操作的技术方法，第8章介绍了地学数据质量评价过程与方法。第四部分是实践篇，分别在第9章介绍了国家地球系统科学数据共享平台数据集成概况，第10章介绍了海岸带及近海历史数据资源集成应用，第11章介绍了国家科技计划项目数据汇交管理集成应用。

　　本研究主要是结合国家科技基础条件平台——地球系统科学数据共享平台

的建设和服务开展的。感谢国家地球系统科学数据共享平台团队对本项工作的支持和指导。感谢苏萍、赵强、柏永青、柏中强等研究生参与排版整理。限于专业领域覆盖面和写作能力，可能会有错误或不足，欢迎批评指正，以便更新时改进。

王卷乐

2015 年 7 月于北京

目　录

第1章 绪论

1.1 科学研究数据共享背景分析

科学数据是人类社会科技活动积累的或通过其他方式获取的反映客观世界的本质、特征、变化规律等原始性、基础性数据，以及根据不同科技活动需要进行系统加工整理的各类数据的集合(GB/T 31075—2014)。科学数据被誉为科学研究的生命和血液，科学数据资源如同工业社会中的石油。科学数据资源在信息社会的广泛应用，造就了社会财富的巨增，成为重要的国家战略性资源和各国科技实力竞争的重要资本，对科技进步与创新和经济增长、社会发展以及国家安全都发挥着重要的作用。一个好的科学思想、理论假说和应用技术，必须在掌握大量前人资料和科学数据的基础上才能形成，同时也必须在大量相关数据的支撑下才能被证伪。对科学数据进行系统化的综合分析，进而促进新的科学思维的产生，是实现科技创新的重要方式，并推动交叉学科的发展。在竞争激烈的科技创新全球化时代，拥有科学数据就意味着拥有了无穷的创新资源，就有了提升国家科技竞争力的最广泛的基础。

正是由于科学数据的战略性地位，数据信息贫富不均已成为国家和地区发展不均衡的巨大鸿沟，开展科学数据的集成和共享得到世界各国的重视。科学数据的作用只有通过流动和共享才能体现。"填平数据鸿沟，连接数据孤岛"，"把珍珠串成项链"(孙九林等，2002)等数据共享理念，逐渐在科技界的推动下取得了突破和进展。

1.1.1 国外科学数据共享进展

近30年来，从国际组织到单个国家特别是发达国家，在信息技术广泛应用与发展的基础上，不断加强科学数据、资料和相关信息的获取、管理与面向社会服务的步伐，积极推进科学数据的流动与低成本使用，并从政策、法律制度、技术规范、组织管理等各个方面保证科学数据信息的管理与应用的正常秩序。

(1) 美国科学数据管理与共享

美国是世界上科学数据拥有量最多的国家，特别是在地球科学和生命科学领域，其数据拥有量占据世界总量的80%以上。在1998年全球11339个数据库中，美国生产的数据库占总数的63%，无论在数据库数目还是数据量规模，美国的科学数据和数据库在世界上都占有绝对优势(刘闯，2003)同时，美国也是世界上介入科学数据共享管理最早的国家。

为了充分发挥科学数据对于全社会科技进步的支撑作用，早在 20 世纪 60 年代美国政府就介入科学数据共享管理并通过立法规范和促进科学数据共享。

1) 制定数据共享战略部署。在战略思路上，美国强调要在国家层面上统筹规划科学数据的管理，实行科学数据完全和开放政策(full and open)。在战略步骤上，美国在国家层面上重点抓三件事，即统筹规划数据共享机制和数据共享体系，数据共享工作预算和投资保障，数据共享政策法规的制定、完善和监督。第一步侧重于数据中心建设。如由美国国家航空航天局(NASA)在全国优选九个数据中心组成国家级分布式数据中心群(Distributed Active Archive Centers)。第二步是侧重于法规和网络共享环境建设。如由白宫设立总统长期专项——美国全球变化研究项目(US Global Change Research Program)，其中包括全球变化数据信息系统(Global Change Data Information System)，历经 10 年建成了世界上最强大的科学数据共享体系。

2) 制定公共数据开放和共享的指导政策。美国科学数据共享政策的核心是，除了危及国家安全、影响政府政务和涉及个人隐私的数据和信息以外的国有(公共领域)数据和信息，全部实施"完全与开放"政策。

3) 制定数据共享运行机制。归纳起来，美国科学数据共享的运行机制分为保密性管理机制、完全开放管理机制和市场管理机制三种类型。

4) 构建科学数据共享法律法规体系。其重要法律主要包括《信息自由法》、《政府阳光法》、《电子政务法》、《隐私权法》、《版权法》、政府规章等。

美国的全球数据库规模很大，涉及领域众多，例如大气、海洋、航天、遥感应用、生物医药等。下面仅以医药卫生领域的美国国立卫生研究院(National Institutes of Health, NIH)为例，介绍其数据资源整合情况。NIH 中的一个著名的集成数据库就是基因序列数据库 GenBank(Genetic Sequence Database)。该数据库 1982 年由阿拉莫斯(LosAlamos)国家实验室建立，后由美国生物技术信息国家中心(National Center of Biotechnology Information，NCBI)负责该数据库的建设和维护工作。GenBank 数据最早主要来自于生物学文献，后来则直接来源于测序工作者提交的序列、由测序中心提交的大量 EST(Expressed Sequence Tag)序列和其他测序数据以及与其他数据库协作交换而来的数据。GenBank 每天都与欧洲的核苷酸序列数据库(EMBL)、日本核酸数据库(DDBJ)交换数据，使这三个数据库的数据保持同步。GenBank 的数据呈指数增长，1985 年仅有 5700 条记录，至 2006 年 2 月在传统的 GenBank 分支系统中，已有 597 亿多个碱基，序列记录达到 5458 万余条；在全基因组测序(WGS)支信息中，已有 631 亿多个碱基，序列记录达到 1246 万余条。早期，GenBank 主要以磁盘或磁带介质存储和发行，1998 年 GenBank 不再发行光盘版数据库，数据可通过 FTP 直接获取。目前，GenBank 的数据可以从 NCBI(National Center for Biotechnology Information)的 FTP 服务器上免费下载完整的库，或下载积累的新数据。NCBI 没有对 GenBank 数据的使用和分发设置任何限制。

(2) 欧盟的科学数据管理与共享

欧盟通过科技发展规划和项目资助的方式来推进科学数据共享。其在共享政策、数据管理与法律保障方面的做法，可以概括为以下几个方面。

1) 欧盟的科学数据共享政策。欧洲《布加勒斯特宣言》代表了欧盟对公共科学数据、公共当局持有的信息开放共享的公益性共享原则和指导思想。《布加勒斯特宣言》(以下简称《宣言》)是 2002 年 11 月 9 日在为筹备信息社会世界高峰会议而召开的布加勒斯特泛欧大会上发表的宣言。《宣言》认为，"这个信息社会以广泛传播和分享信息、各利益相关方(包括政府、私营部门和民间团体)的真诚参与为基础。在争取让人人都充分享受到信息社会的益处的努力过程中，这些利益相关方的贡献至关重要"。

2) 欧盟的科学数据管理代理机构。当前欧盟有 16 个依这种单独立法形式而建立起来的欧共体代理机构，如欧洲环境代理处(EEA)、欧洲共同体植物品种办公室(CPVO)、欧洲改进生活和工作条件基金会(EUROFOUND)、欧洲航空安全代理处(EASA)等。

3) 构建数据共享法律体系。其法律法规项目主要包括：《欧盟条约》、《欧共体条约》、信息公开立法、有关科学数据保护立法、有关网络和信息安全立法、知识产权立法、有关基础设施和网络服务的政策法律等。

(3) 世界数据中心的数据管理与共享

世界数据中心(World Data Center，WDC)成立于 1957 年，在 ICSU 世界数据中心专门委员会的指导下展开工作，截至 2007 年全球建有 52 个 WDC 学科中心。世界数据中心所涵盖的数据内容广泛，在时间尺度上涵盖了从瞬间(秒)到百万年尺度。这些数据主要用于对地圈与生物圈、外层空间以及天文现象变化的研究，包括对渐变现象和突变现象的研究，对可预见现象和不可预见现象的研究，对自然现象和人文现象的研究。世界数据中心不仅在地球、空间和环境科学领域中极大地推进了数据工作的发展，努力为各类科学团体服务，而且积极参与了许多较大的国际科学计划，为科学发展做出了许多重要和有益的贡献。

世界数据中心的三个主要活动是数据的收集、交换和服务，同时，又应国际科联的要求，承担了一系列重要的国际科学计划申明要保存的数据的管理。WDC 的具体数据共享管理和服务活动包括：与其他 WDC 中心合作收集、整理数据和信息；有序地保存数据；以最少的复制和发布成本向用户提供数据；与数据集的生产人共同编制数据说明文档；通过数字化的方式保存重要的历史数据；为小尺度、地区性和全球性地球物理学研究整编专题数据；将数据制作成如压缩光碟等媒体，便于用户查找且易于转移为可用的格式；评估数据存储媒体的老化、错误生成率和保存期限的技术性问题；综合多源数据加工生产数据产品，例如求算太阳或地磁活动的指数；编制数字模型以描述随时间和空间变动的地球物理环境；维护与以上活动相关的在线信息服务；建立用户服务机制，使得科学家在获得WDC 系统的数据集时能够得到专业工作人员的协助；帮助科学家寻找和获取 WDC 系统所没有的相关数据。

在 WDC 发展的 50 多年中，不仅各个国家都在大力开展本国的科学研究活动，国际间的联合科学研究计划也在蓬勃发展，这些不断加强的科学研究活动需要越来越多、越来越专业的科学数据支撑。尤其是进入 21 世纪以来，这一需求强烈增加的速度明显超出了WDC 自身发展的速度。这使得 WDC 遇到了前所未有的挑战，大体可以归纳为以下四点(王卷乐和孙九林，2009)。

1) WDC 系统可持续性的挑战。WDC 是一个松散的科学数据交换与共享组织。ICSU

本身并没有对这些 WDC 数据中心进行任何经费资助，各个数据中心都要依托于本国所在机构的资助而发展。在这种情况下，WDC 各数据中心的发展不得不受到依托机构自身发展目标的影响，其第一业务还是要首先完成各个机构自身的相关任务，而作为全球数据中心的功能是第二位的。如果依托机构的主要任务与起初该数据中心成立时的任务越来越不相符的时候，这些 WDC 数据中心能够继续获得稳定的经费支持，能否还以数据共享为主要使命，能否持续地向前发展？都会是很大的问题。

2）WDC 系统总体布局的挑战。WDC 在总体上的学科体系布局没有顶层框架，各个中心之间缺乏有机的联系。这造成 WDC 系统内的各数据中心在学科和地域布局上不够合理。如当前 WDC 的全球布局只有 9 个中心在中国，1 个中心在印度，其他的中心都在发达国家；WDC 在美国、俄罗斯、日本和中国都设有地球物理数据中心，但是缺少有效的整合和联系。在数据资源内容上也没有顶层设计，没有形成整体数据服务"系统"。

3）数据支撑服务能力的挑战。WDC 建立之初所确立的数据服务对象就是地球科学和地球系统。这一系统研究所需的数据具有不可度量的复杂性，需要多学科的数据支持，这正是 WDC 系统所具有的多学科特点。然而，这一机遇的一个对等的威胁就是 WDC 很难采用统一的标准来促进多学科数据的集成与支撑服务，这导致 WDC 体系多学科联合数据服务的局面始终没有形成，严重地影响了其数据支撑服务能力。另外，作为世界数据中心，WDC 有义务瞄准和支持关于地球系统和全球变化研究等全球性科学问题的研究，例如气候变化、海啸、预警、人口压力等等。这就需要综合集成的、多种尺度的数据集支撑服务。然而，目前 WDC 在数据的尺度和地域上都很难满足需求（郑军卫等，2008）。

4）WDC 的网络互操作体系挑战。绝大多数 WDC 数据中心目前只有本中心的数据集目录，各个中心独立对外提供数据服务。并且，各个中心的数据集在元数据格式、数据标准上有着显著的差异，缺少开展联合服务所需要数据互操作接口，从整体上还没有建立WDC 系统统一的数据检索和获取体系。在这种情况下，如何加强各个数据中心之间元数据标准的统一、开发和建立数据的互操作接口是一个技术与标准上的挑战。

WDC 于 2008 年正式更新为世界数据系统（WDS）。WDS 变革框架如图 1.1 所示。

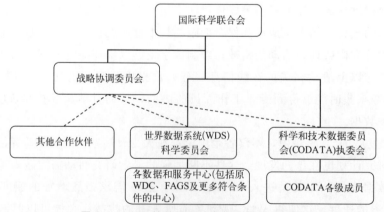

图 1.1　ICSU 的数据和信息体系战略结构图

（Ad hoc Strategic Committee on Information and Data Final Report to the ICSU Committee on Scientific Planning and Review[M]，2008）

WDS 的目标是确保能够广泛和公平地获得有质量保证的科学数据，数据服务、产品和信息；确保长期的数据管理；促进遵守数据标准和公约；提供机制以方便和提高数据和数据产品的访问。

截至 2015 年 6 月，WDS 共有 91 个成员组织，包括 59 个正式成员、10 个网络成员、4 个合作伙伴、18 个协作成员。正式成员见表 1.1 所示。

表 1.1　WDS 成员列表

WDS 正式成员	研究领域
美国地震学研究联合会数据服务中心	地震；大地电磁；气象实测数据；气压；海洋传感器；超导重力仪；次声波
WDC 地理信息与可持续发展中心	空间科学；地球科学；文化和种族研究；经济学；地理学；社会学；计算机科学；数学；统计；系统科学；环境研究与林业
世界土壤信息中心	地球科学；地理学；农业；环境研究与林业；土壤学；可持续土地管理；国土资源信息系统
WDC 德国气候计算中心	地球科学；气候建模
世界气象数据中心，阿什维尔	地球科学；经济；计算机科学；气候科学及相关数据管理；世界土壤信息中心
法国斯特拉斯堡天文数据中心	空间科学；天文学
世界冰川监测服务中心，苏黎世	地球科学；地理；冰川学
WDC 气象学、火箭与卫星、地球自转中心	空间科学；地球科学
澳大利亚南极数据中心	空间科学；地球科学；生命科学；化学；物理学；地理学；环境研究与林业
中国天文数据中心	空间科学；物理学；天文学
WDC 再生资源与环境学科中心	地球科学；地理学；农业；环境研究与林业；区域研究；自然资源；生态；地理信息
法兰德斯海洋研究所	生命科学；计算机科学；环境研究与林业；生物学；生物多样性；生物地理学；分类学；海洋学；信息和通信技术；数据管理
WDC 海洋学中心	地球科学；海洋学
国际地球自转和参考系统	空间科学；地球科学；地理学；计算机科学；数学；统计；系统科学；大地测量学与参考系
台湾鱼类资料库	生命科学（生物多样性）
WDC 海洋学科中心，天津	地球科学；海洋科学
WDC 地球物理学科中心	空间科学；地球科学；计算机科学
泛大陆－地球和环境科学数据发布中心	地球科学；生命科学
WDC 日地物理学中心，莫斯科	空间科学；地球科学；地磁；电离层；空间射线；太阳活动；行星际环境（临近空间）
热带生态评估和监测网络	地球科学；农业；环境研究与林业；生态
WDC 太阳黑子指数中心	空间科学；统计；历史；太阳物理；太阳活动（中期和长期）；日地关系和气候

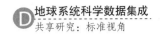
WDS 正式成员	研究领域
WDC 海洋学科中心，奥布宁斯克	地球科学；物理和化学海洋学
WDC 大气遥感中心	空间科学；地球科学；化学；物理学；地理学；计算机科学；数学
WDC 地磁学科中心，哥本哈根	空间科学；地球科学；地磁学
地磁指数国际服务中心	空间科学；地球科学；日地物理学；空间天气；地磁学
WDC 地磁学科中心，爱丁堡	空间科学；地球科学；地磁学
WDC 固体地球物理学中心，莫斯科	地球科学；地震学；地磁学（主磁场）；考古学和古地磁；重力测量；地热；近期地壳运动；海洋地质与地球物理
WDC 气象学科中心，奥布宁斯克	地球科学；气象
WDC 太阳活动数据中心	空间科学；太阳物理学
WDC 地磁学科中心，京都	空间科学；地球科学；物理学；地理学；计算机科学；地磁学
跨学科地球数据联盟	地球科学
澳大利亚气象局信息中心	空间科学；日地物理学
美国航天局分布式主动档案中心	地球科学；地理学
橡树岭国家实验室分布式主动档案中心	地球科学；地理学；区域研究；陆地生态；生物地球化学动力学；生态数据；环境演变
世界应力图计划	地球科学；地球物理学；地球化学；地质学；自然资源
WDC 冰川学中心	地球科学；地理学；极地地区和冰冻圈
WDC 电离层和空间气象数据中心	空间科学；地球科学；电离层；日地物理；空间天气预报
乌克兰地理空间数据中心	地球科学；计算机科学；数学
莫斯科地理信息中心	地理学；结构与环境系统的演化；环境影响因素；资源的可持续管理；俄罗斯及国外人文地理；大气之间相互作用及岩石圈，水圈；制图；地理信息技术；遥感；地理和地质教育
地球资源观测和科学数据中心	地球科学；系统科学；环境研究与林业；遥感；土地变化科学；土地变化监测；评估和预测
语言档案中心	心理学；语言与语言学；人类学
WDC 古地磁学中心	地球科学；气候学；全球变化
南非开普敦大学数据中心	经济学；地理学；政治学；统计；环境研究与林业；健康科学；区域研究；信息科学
世界微生物数据中心	生命科学；微生物学
哥达德地球科学数据和信息服务中心	地球科学；物理学；地理学；计算机科学；农业；工程；大气科学；降水；水文；全球建模；信息科学；系统工程
地壳动力学数据信息系统	空间科学；地球科学；物理学；大地测量学；空间大地测量学
空间科学数据中心	天文学；空间科学；计算机科学；空间物理学；空间气象学；行星科学
寒区旱区科学数据中心	地球科学；地理学
全球水资源中心	地球科学；计算机科学；系统科学；环境研究与林业；水文循环；闪电；极端气象

WDS 正式成员	研究领域
意大利天文档案 IA2 中心	天文学；空间科学
美国校际社会科学数据共享联盟	经济学；性别和性研究；地理学；政治学；心理学；社会学；统计；家庭和消费科学；健康科学；历史；老龄化；刑事司法；人口；教育；法律；药品滥用…
大气科学数据中心	地球科学；大气科学；云；气溶胶；对流层化学
WDC 地磁学科中心，孟买	物理学；地球科学；空间科学；地磁学；固体地球地磁和高层大气科学；高层大气物理学
加拿大天文数据中心/加拿大虚拟天文台	天文学；空间科学
阿拉斯加卫星设施	地球科学；地理学；区域研究；冰冻圈；极地过程；固体地球；磁层；阿拉斯加州地理研究
加拿大海洋信息中心	计算机科学；地球科学；海洋科学；地球物理；海洋物理；海洋生物学；生物化学；海洋工程
瑞典环境气候数据中心	地球科学；环境研究与林业；环境；气候
社会经济数据和应用中心	地球科学；化学；文化和种族研究；经济学；地理学；政治学；社会学；计算机科学；统计；系统科学；农业；建筑与设计；商业；工程；环境研究与林业；健康科学；交通；人类学；区域研究；环境科学；可持续发展的科学；气候学；信息系统科学
美国 NAVSTAR 联合大学	地球科学；大地测量学
陆地过程分布式数据档案中心	地球科学；地理学；农业；环境研究与林业；土地覆盖；土地变化；土地处理

（源自：http：//www.icsu—wds.org，2015.6.30）

(4) 科学与技术数据委员会的科学数据共享与管理

国际科技数据委员会 CODATA(http：//www.codata.org)是国际科学联合会于 1966 年成立的一个跨学科的科技数据领域的国际权威学术机构，其宗旨是提高所有科技领域内重要数据的质量，广泛推动对重要科技数据的编辑、评价和传播，致力于提高对科技数据的管理、可靠性与可访问性。中国于 1984 年加入 CODATA，并以中国科学院牵头，成立了 CODATA 中国全国委员会，委员来自于国内各研究院所、高校及相关政府部门。近年来，得益于中国科技数据共享及科研信息化等工作的深入推进，中国科学家在国际 CODATA 中的影响和作用日益加大。

围绕着国际科学联合会 2006—2011 战略计划，CODATA 致力于发展高质量的科学数据信息所提供的科学与社会可持续发展机制。工作重点包括数据科学领域的数据存取问题(Data access)、数据质量(Data quality in the Internet era)、数据归档(Data archiving)、网络数据资源交换(Interoperability of Web data resources)、重点科技数据集(New key data sets)、数据科学(Data science)、发展中国家的科技数据共享与应用(Developing countries)等。

至今，CODATA 在数据科学与技术上已有近 50 年的领导科学数据前沿研究、知识开发和数据资源建设的大量经验，不断提供科技数据处理的最新思想和技术。CODATA 关注科学技术各个领域的来自实验、观察和计算的各类数据，这些领域包括物理科学、生物学、地质学、天文学、工程、环境科学、生态学及其他学科。从基础科学数据到前沿科学数据的评价、传播与应用，CODATA 都取得了众所瞩目的成绩。CODATA 为数据科学的发展进步提供了一个国际舞台，在信息时代里成为国际数据资源共享的畅通渠道，其引领的数据科学将日益促进国际化的科技交流与创新发展。

全球性的综合研究是当前科学研究的一个重要趋势，在这一方面国际组织起到了很大的作用。在区域性、综合性的科学研究过程中，产生和积累的大量数据对科学研究具有重要的支撑作用。除了 WDS、CODATA 以外，许多国际组织都在全球科学数据共享领域做出了重要贡献，例如世界气象组织（WMO）、原地球系统科学联盟（ESSP）的四大国际科学计划，即世界气候研究计划（WCRP）、国际地圈生物圈计划（IGBP）、国际全球环境变化人文因素计划（IHDP）、国际生物多样性计划（DIVERSITAS）等等，都在开展的科学研究的过程中，积累和传播科学数据及其产品。类似这样的科学计划还有很多，尤其是在跨学科集成研究领域，在此不再赘述。

1.1.2　国内科学数据共享历程

随着科学技术的迅猛发展和信息化的推进，科学数据的共享与服务逐步为人们所共识。"填平数据鸿沟，连接数据孤岛"是信息社会科技发展的自身需求与时代的必然，同时也是增强国家科技创新能力和国际竞争力的必由之路。正是在这种背景下，我国自 20 世纪 80 年代末就在多个层面上逐步推动科学数据的共享，最终建立了科学数据共享工程和国家科技基础条件平台。科学数据共享的历程可以概括为以下几个大事件：

20 世纪 80 年代在原国家科委和科协支持下，中国科学院联合有关政府部门和科研教育机构，组建了世界数据中心中国中心（World Data Center－D，WDCD）和国际科技数据委员会中国委员会（Committee on Data for Science and Technology，CODATA）；在基础科学和若干前沿领域的基础性数据，开展了有效的国内外交流与服务。

1994 年由原国家科委、自然科学基金委员会、中国科学院的有关司局联合组织的《走向 21 世纪的中国地球科学》的调研，提出了加强包括科学数据、资料和信息；重大仪器装备；标本馆与地质遗迹；文献情报等等在内的科学基础设施建设和建立、健全共享机制的建议。中国科学院地学部向国家提出关于加强科学数据共享的建议，随后又多次提出国家科技规划中要切实解决科学数据共享问题。

1995 年原国家科委相继建立了虚拟的国家科技图书文献中心和中国可持续发展网络信息系统等。

1997 年原国家科委还就青藏高原综合考察科学数据共享进行了部际协调。多年来，国家自然科学基金委员会坚持项目数据资料的汇交管理。

1999 年，科技部在科技基础性工作和社会公益性研究专项中，启动了科技基础数据库建设。

2001 年，完成《实施科学数据共享工程，增强国家科技创新能力》的调研报告。同年年底，中国气象局在科技部的支持下率先启动了气象数据共享试点，开展气象数据共享服务。

2002年6月，科技部等5部委联合下发《关于进一步增强原始性创新能力的意见》文件，提出"要建立重要科研设备和科学数据资料共享机制，实施科学数据共享工程"。2002年11月，"中国科学数据共享"第196次香山科学会议召开，徐冠华、孙鸿烈、孙枢、程津培、秦大河院士和张先恩研究员担任会议执行主席。与会专家呼吁："应加强国家对科学数据共享的统筹规划与协调，设立国家科学数据共享工程专项，推动我国科学数据共享问题的彻底解决"。同年，继气象数据共享后，又启动了地球系统、水文、海洋、地震、国土、农业、林业、人口健康数据共享，作为国家科学数据共享工程第一批的9个试点，标志着我国科学数据共享工程的正式实施，掀开了中国科学数据共享事业新的一页！

在科技部发布的"科学数据共享工程规划"中明确了科学数据的战略资源地位及其共享管理的必然选择，确定了我国科学数据共享的建设目标、总体框架、主要任务与实施方案。通过试点工作探索了分散科学数据共享机制，基本解决了科学数据共享共性的标准规范、技术方法和软件系统等问题。通过试点项目，推动了科学数据共享在资源环境、农业、人口与健康、基础与前沿等领域共24个部门的开展，包括：气象、测绘、地震、水文水资源、农业、林业、海洋、国土资源、地质与矿产、对地观测等行业领域国家科学数据共享中心和地球系统、人口健康、基础科学、先进制造与自动化科学、能源和交通等学科领域的科学数据共享网，为科学数据共享的全面建设奠定了扎实的基础。

为了进一步推动科学数据等科技资源的共享，2004年7月，国务院办公厅发布了《2004—2010年国家科技基础条件平台建设纲要》。2005年7月，科技部、发改委、财政部、教育部联合发布了《"十一五"国家科技基础条件平台建设实施意见》，同年，科技部、财政部设立平台建设专项，科学数据共享纳入国家科技基础条件平台，标志着科学数据共享等进入了全面建设阶段。

2006年12月，国家科技基础条件平台中心（以下简称"平台中心"）挂牌成立，专门推动和管理各类科技资源的优化配置和开放共享。国家科技基础条件平台重点建设了六类资源的43项共享平台：一是研究实验基础和大型科学仪器设备共享平台，包括全国大型科学仪器设备、研究实验基地、野外科学观测研究台站和计量基标准体系及检测技术体系；二是自然科技资源共享平台，包括植物种质资源、动物种质资源、微生物菌种资源、人类遗传资源、生物标本资源、岩矿化石标本资源、实验材料资源和标准物质资源；三是科学数据共享平台，包括科学数据共享中心和科学数据共享网；四是科技文献共享平台，包括科技图书文献信息保障系统、专利文献和标准文献共享服务系统；五是科技成果转化公共服务平台，包括科技成果信息服务体系、公益与行业共性技术转化平台和技术标准支撑体系；六是网络科技环境平台，包括国家条件平台应用服务支撑系统、网络计算应用系统、网络协同研究与工作环境、全国科普数字博物馆和全国科技信息服务网。

2008年12月科技部、财政部联合发布《关于进一步推动国家科技基础条件平台开放共享工作的通知》，并于2009年组织开展在建平台评议（科技部，2008）。2011年末，科技部、财政部通过组织专家评审，完成了首批国家科技基础条件平台（以下简称平台）认定评审工作，"国家生态系统观测研究网络"等 23 个平台通过认定（科技部，2011），这标志着平台建设逐渐由以资源建设为主的"边建设、边服务"阶段转向以运行服务为主的"边运行服务、边建设"阶段。

1.2 地球系统科学数据共享概况

1.2.1 地球系统科学数据共享需求

地球系统科学（Earth System Science）是从行星地球角度出发，将地球大气圈、水圈、生物圈和固体地球看作一个相互联系的有机整体（地球系统），是综合研究各圈层形成机理、变化规律及其相互作用并为区域可持续发展和全球变化研究提供理论依据和调控方法的学科。自地球系统科学诞生之日起，就引起了全球科学家的高度重视。很多学者认为，地球系统科学强调的是地球系统各个圈层之间的相互作用和它们之间的内在联系，这些作用与联系远远超出了地球科学各领域之间的单纯学科之间的关系。地球系统科学概念是为了解决全球性的资源环境问题和人类可持续发展的需要而提出的，这标志着地球科学走向以地球系统科学为特征的新时代，预示着地球科学的发展将表现为"微观更微、宏观更宏、交叉综合集成化"的发展态势（刘东生，2002；傅伯杰等，2007）。

地球系统科学研究近年来如火如荼地开展，凸现出基础科学数据支撑不足的问题。地球系统科学的研究对象是地球系统及其整体行为，研究方法是对全球环境变化进行观测、理解、模拟和预测。这二者决定了地球系统科学的研究对海量的，多样化的观测、探测、调查、试验数据的依赖，对相关领域科学数据的共享有着强烈的需求。地球系统科学的研究离不开强大的对地球系统各要素和各圈层的物理、化学和生物过程综合观测工作的支持。除了观测数据，地球系统科学研究需要支持传统地球科学研究的各类基础数据，以及支持过程研究和综合研究、在时间和空间上成序列的、多要素融合的数据产品。许多非常规的监测、观测数据，特别是研究过程中产生的数据以及地球系统科学研究所需要的专业数据产品是不能完全从专业部门获得的，这些数据大多分布在从事地球学科研究的机构和组织。这些分布在高校、科研院所以及科学家手中的观测、监测、探测、试验、实验、研究项目的过程与成果数据，以及基于这些数据和相关部门的基础数据加工生产的多学科、系列化数据产品，迫切要被整合、集成和社会共享。

概括而言，地球系统科学的数据需求集中体现在以下三个方面（孙九林和林海，2009）第一，引入地球系统概念，推进地球科学相关学科的深化与完善的需要。相关学科的研究深化包括以地球科学各分支学科、专业领域基础性科学数据为基础，对各圈层结构、成分及其时空变化，和对圈层内部物质、能量交换、传输及其相互作用的研究，以及关注圈层边缘复杂过程的研究等。第二，加强各圈层相互作用研究，推进地球系统科学发展的需要。地球圈层（大气圈、水圈、生物圈、地壳、地幔、地核、近地空间以及它们的组成部分）相互作用的研究需要海量的、内容丰富的数字化地球信息，用以描述、理解、模拟与预测地球系统过程。这种模拟无疑是从"单一过程"—"耦合过程"—"整体地球过程"的递进。因此，首先侧重相邻圈层间相互作用的物理、化学、生物过程的耦合；区域尺度不同过程的耦合；不同时间过程的演化记录；不同描述系统间的耦合，进而推进整体地球过程的模拟与预测。第三，从区域层面，推进"人地和谐"的需要。地球科学将采用更广泛的学科视野和更紧密地联系可持续发展实践，在人文科学特别是资源经济学、空间经济学的支持，寻求解决人口、资源、环境与发展相协调的途径，为区域发展提供理论基础与决策支持。同时，在此过程中也需要包括自然科学和人文科学等多学科数据的支撑。

作为基础性的科学数据，地球系统科学数据对于科学研究和知识创新的重要支撑作用毋庸置疑。当今情况下，如何使更多的科学数据资源为科技工作者所利用、更丰富的数据资源为社会所共享是一个摆在我国科技界面前的一个全新的课题。

本书在后面章节中将"地球系统科学"或"地球系统科学数据"部分术语简化为"地学"或"地学数据"，其含义均为地球系统科学数据。

1.2.2　国家地球系统科学数据共享平台

经过多年的调研、酝酿和准备，科学数据共享工程在科技部的牵头下于2002年全面展开，并于2004年纳入国家科技基础条件平台建设。从科学数据共享工程启动和国家科技基础条件平台建设至今，科学数据共享受到了科技界、产业界等社会各界的广泛关注和支持。它在社会的需求中产生，在面向社会的应用中成长和壮大，其涵盖领域的广度和深度都在延伸，它的影响力也正在向国内和国际的更大范围扩展。

国家地球系统科学数据共享平台的目标是采用网络技术，整合、集成分布在国内的数据中心、高等院校和科研院所的主体数据库以及科学家个人手中历史的、现状的和未来的数据资源并引进国际数据资源，在此基础上进行数据挖掘，加工生产满足地球系统科学各圈层相互关系和内在联系研究所需要的多样化的数据集；同时接收地球系统科学科研项目所产生的数据，建成一个具有一定权威性的、网络化和智能化的跨领域、跨地区、跨部门的非盈利的地球系统科学数据管理与共享服务系统，为中国地球系统科学的基础研究和学科前沿创新提供科学数据支撑，并且为教育事业和公众提供信息和知识服务，成为数据、信息和知识的管理和传播的服务网。

国家地球系统科学数据共享平台在国家科学数据共享工程、科技基础条件平台和中国科学院信息化专项的长期支持下，联合中国科学院院外及中国科学院院内中国科学院寒区旱区环境与工程研究所、地质与地球物理研究所、青藏高原研究所、东北地理与农业生态研究所、新疆生态与地理研究所、南京地理与湖泊研究所、水土保持研究所、南海海洋研究所、国家天文台、国家空间科学中心、水生生物研究所、地球环境研究所等十多个研究所，通过十多年的联合攻关与实践，利用信息技术、创新信息技术，突破了分散科学数据持续共享的机制，攻克了分散、多源、异构地球系统科学数据的集成方法、标准规范和关键技术，建成并运行我国唯一的国家地球系统科学数据共享国家平台，提供了持续的数据共享服务，产生了显著的社会效益和经济效益。围绕科学数据共享标准规范研制、数据资源规范化整合生产、数据共享网络平台构建等方面，项目全面利用现代化信息技术，取得了以下重要的建设成果：

（1）一个业务化运行的数据共享平台：基于面向服务的网络体系架构（Service－Oriented Architecture，SOA），利用分布式文件系统、数据库集群技术、分布式计算等信息技术，开拓性地建成了由中国科学院院外与院内多个机构参与的，物理上分布、逻辑上统一的由一个总中心、九个区域分中心和六个学科分中心构成的地球系统科学数据共享平台，提供了持续、无偿的数据共享服务。

2011 年平台被科技部、财政部认定为首批国家科技基础条件平台，成为长期运行的国家地球系统科学数据共享平台，并于 2014 年正式挂牌。该平台在全国 84 个科学数据共享网站中综合排名第一。平台已经与国际科联世界数据系统、兴都库什－喜马拉雅山地空间信息共享网、美国全球变化主目录，中国科技资源网等建立了"国际－国家－部门"三个层次的联结美国、俄罗斯、欧洲、南亚等国家和地区的国际数据交换网络，推进我国地学领域与周边国家、国际数据资源的交换共享。

（2）一套保障机制与标准规范：突破了保障分散研究型科学数据持续集成与共享服务的运行机制与管理体系，形成了《973 计划资源环境领域项目数据汇交暂行办法》等三项国家和行业管理规范，极大地推动了我国重大科技计划项目数据的汇交。首次提出了地学数据共享标准参考模型，研制了涵盖地球系统科学数据分类、描述、集成、建库、分发、服务和质量控制等内容的三大类 21 项地球系统科学数据共享标准规范。

（3）一个数据库群：建成了涵盖五大圈层 18 个学科的地球系统科学数据库，建立五个国际数据资源站点、4000 多个国际数据资源导航系统，为全球变化研究等奠定了坚实的数据基础。截至 2014 年 8 月，地球系统科学数据库在线资源总量 54.66TB，时间上涵盖"地质年代－古代－现代－未来"，空间上覆盖"日地系统－全球－全国－典型区域"。依托国家地球系统科学数据共享平台，完善设计了"关键变量－学科/区域集成－综合应用"三层次的地球系统科学数据资源体系。建成了以陆地表层系统数据为核心，涉及五大圈层 18 个学科的地球系统科学数据库，数据量 138.8TB，形成了极地、青藏高原、黄土高原、西南山地、东北平原、黄河中下游、长江三角洲、南海及邻近海区、中国周边国家和地区等一批典型地区专题数据库，以及具有我国自主知识产权的月球和地球地貌、长序列高精度土地覆被、中国历年行政变迁空间数据库等一批特色和精品数据库。其中包括：极地、青藏高原、黄土高原、西南山地、东北平原、黄河中下游、长江三角洲、南海及邻近海区等 13 个典型地区专题数据库以及长时间序列自然资源与社会经济统计数据库，多尺度资源环境空间数据库、自然与人文要素空间化、古气候古环境、近地空间与日地系统观测等一批高质量数据产品。

（4）一个软件系统：自主研发了分布式科学数据共享基础软件，全面部署到地球系统科学数据共享平台总中心、九个区域分中心和五个学科分中心，形成一站式的数据共享网络服务系统，并被推广应用到其他科研项目和行业数据共享中。分布式科学数据共享基础软件，采用面向服务的体系架构（SOA），将数据共享功能抽象设计为一系列的网络功能服务，具有用户单点登录、统一认证，数据多点发布、逐级审核、高效检索和无缝访问等功能。支持二次开发和个性化定制，可以有效支撑科研项目、行业和地方数据共享系统的快速构建。

（5）共享服务成效：截至 2014 年 8 月底，地球系统科学数据共享平台实名注册用户共计 91944 名，网站总访问人次 1700 万(17018203)；向科技界和社会公众提供了 91.53TB 的数据服务量。为 2384 项重大科研项目/课题，包括：国家 973 项目、国家科技支撑计划、国家自然科学基金等各类国家和省部级科研项目提供了有效的数据服务。为 34 项重大建设工程，32 项民生工程提供了有效的数据服务。建立了科技救灾直通车，先后为四川芦山地震、甘肃定西地震、东北洪灾、云南鲁甸地震等提供了数据支撑服务。分散科学数据整合共享模式已经应用到国家科学数据共享工程以及科技部 973 计划资源环境领域项目数据汇交管理中心等重要数据中心的建设发展中，推动我国科技计划项目数据汇交工作。领导创建了东北亚地区科学合作研究网络，与世界数据系统、美国全球变化主目录、兴都库什—喜马拉雅地区山地信息共享网络等开展了广泛的国际数据交换，免费为国内用户引进和共享国际数据资源，促进我国地学领域与国际科学数据界的交流合作，促进国际地学数据共享的发展。

第2章 地球系统科学数据
整合集成的内涵和需求

2.1 研究型科学数据整合集成问题

2.1.1 科学数据的定义与类型划分

2005年9月NSF(美国国家基金会)发布了关于科学数据库的研究报告《推动21世纪研究与教育的长期数字数据库》(National Science Foundation,2015),该报告将科学数据库分成研究型数据库、资源型数据库和参考型数据库。

研究型数据库是指某一个或者若干个固定的研究项目产生的数据集,这些数据集中的数据一般只经过有限的处理与管理,一般只为特定的研究群体服务。该类型数据库获得的资金资助较少,资助周期也较短,因而数据可能没有严格遵循相关的标准,数据的规模和覆盖的范围有限,数据可靠性稍差。典型的如地学领域的一些野外研究项目产生的数据,如冰雪表面通量项目(Fluxes Over Snow Surfaces Project)。

参考型数据库旨在为大范围的科学与教育机构服务。这类数据库的典型特征是有一个大范围的、多样化的用户群体,包括来自于不同地域、不同学科、不同机构的科学家、学生、教育工作者。该类数据库遵照稳健和全面的数据标准为各类用户服务,经费预算通常很大,反映出其数据规模庞大和影响面广。它通常是由一或多个机构提供长期的经费支持。典型的参考型数据库包括蛋白质数据库(PDB)、美国国立卫生研究院(NIH)的基因序列数据库GenBank等。

资源型数据库是指那些服务于单一的科学与工程组织或者机构,其经费直接来源于相关的机构。通常该类数据库遵循一定的数据规范。生物学领域资源型数据库的资助主要来自科研项目,相对独立。而地学、环境科学领域的资源型数据库处于某个数据中心(包括国家级的数据中心)管辖,并对研究型、参考型数据库都提供支持。地球空间科学领域,很多资源型数据库为大型数据中心拥有,如NSF和美国国家海洋局(NOAA)联合资助的CODIAC数据库,为地球物理研究提供服务。美国国家航空航天局(NASA)的地球科学部有10个专业数据中心,每个数据中心都有自己的数据传输方法和分析工具,多数都综合具备了资源型数据库和参考型数据库的特征。

2.1.2　研究型科学数据的特点分析

2.1.2.1　科学数据的通用特点分析

科学数据具有资源的一般属性(孙九林等，2002)普遍具有以下基本特征：

(1)科学数据的分离性。科学数据是表征物质客体各种特征的产物，用这些科学数据就可以去描绘自然界物质客体的本质或者原理，显然这种数据是与实际的物质客体是分离的。这种分离性为我们使用科学数据去研究分析世界提供了极大的方便，使科技工作者可以利用科学数据对所有现实世界的物质客体进行分析研究。摆脱了实物而只是利用表征实体的科学数据去从事研究。

(2)科学数据具有极强的驾驭其他资源的能力——驾驭性。人类认识自然和改造自然的一切过程，都是通过认识和掌握表征自然或社会的数据(信息)而进行的，不论是对物质资源还是能量资源的开发利用甚至保护都是依赖于数据资源(信息、知识、方案、实施)进行的。在这个过程中，虽然每一个环节都离不开物质和能量，但是始终贯穿全过程、统帅全局和支配一切的却是人们所掌握的科学数据或信息。

(3)科学数据的共享性。所有利用者都可以在相同的条件和环境下获得相同的科学数据，或者按数据使用者本身的意愿去随意获得自身所需的数据。

(4)科学数据的客观性。科学数据是描述物质的存在、相互关系、运动、发展、变化特征和规律的信息集合，是对客观规律和自然现象的基本理解，它客观地反映了事物的本质。

(5)科学数据的长效性。由于科学数据是客观世界自然规律和本质的反映，这就决定了它不会随时间的变化而失效，恰恰相反，它的科学价值往往会随历史的延长而增加，只有长期连续的反映客观世界的数据才能使人类正确去认识世界，从而去改造世界。

(6)科学数据的长期积累性。科学数据的获取是一个长期积累的过程。一时一事的数据无法真正反映客观世界的变化规律和它的本质，只有长期积累的科学数据才能系统地、全面地反映事物和客观世界的真正变化规律。

(7)科学数据的公益性。反映客观世界本质和变化规律的科学数据应该是全社会的财富，它有为全社会进步服务的公益性特征。

(8)科学数据的非排他性。数据的非排他性与共享是一致的。之所以它能够共享是它具有非排他性而实现的，也就是说，"我"占有数据不排斥"你"再去占有同样的数据。

(9)科学数据的不对称性。科学数据的不对称性可从两个方面去理解。首先是对客观事物的认识，不同人(或者说对事物认识的主体)会有不同的认识程度。另一种情况，是反映客观事物的科学数据，不能被不同人完全一致地所占有。对数据的接受客体来说，数据的不对称性是客观存在的，在实际工作中要尽量克服这种不对称性，从而尽量消除由于数据不对称性所引起的种种不良后果。

(10)科学数据的增值性。数据能够通过整合集成、加工增值。同时可以利用它去调控物质系统和能量系统产生巨大的经济效益等。

(11)科学数据具有可传递性。数据可以依靠各种传播工具实现它的传递性。数据在传递过程中不断地表现出它的价值。科学数据所提供的数量、质量、产品形态及其存储和传输方式，借助现代信息技术可以迅速、广泛地传播和便捷使用。

（12）科学数据具有资源性。科学数据是一种资源，因为它和其他资源一样，通过人们劳动，可以变成社会财富。也就是说，把科学数据作为人类经济社会发展的一种重要的可供利用的资源，通过加工处理变成信息、知识、理论、推动科技进步，或者利用知识去产生政策方案，通过实施产生巨大的经济社会效益，为人类创造出丰厚的物质和精神财富。

2.1.2.2　研究型、参考型数据资源的自身特点

从地球系统科学数据共享网的数据整合内容看来，最能体现研究型和参考型数据特点的是异构和分散。

（1）数据资源的异构性

概括而言，数据资源的异构性可分为系统异构、模式异构和语义异构。

1）系统异构

系统异构是指数据源所依赖的业务应用系统、数据库管理系统乃至操作系统之间的不同构成的系统异构。异构数据库系统是相关的多个数据库系统的集合，可以实现数据的共享和透明访问，每个数据库系统在加入异构数据库系统之前本身就已经存在，异构数据库的各个组成部分具有自身的自治性，实现数据共享的同时，每个数据库系统仍保有自己的应用特性、完整性控制和安全性控制。

2）模式异构

模式异构，即数据源在存储模式上的不同。存储模式主要包括关系模式、对象模式、对象关系模式和文档嵌套模式等几种，其中关系模式（关系数据库）为主流存储模式。同时，即便是同一类存储模式，它们的模式结构可能也存在着差异。例如不同的关系数据管理系统的数据类型等方面并不是完全一致的，如 DB2、Oracle、Sybase、Informix、SQL Server、FoxPro 等。

3）语义异构

语义异构，表现在相同的数据形式表示不同的语义或同一个语义由不同形式的数据表示。

（2）数据资源的分散性

研究型、参考型数据是面向问题的研究数据。由于研究主题的多样性和空间分布性，使得该类数据资源具有很强的分散性或分布性。通过对地球系统科学研究领域数据的特点分析，可以更直观地理解这类数据资源的分散性或分布式特点。

地球系统科学数据分布式特性是指地球系统科学数据存储或更新、使用等操作物理上不在一处，通过计算机网络基于地学规律、地理特征和过程的相关性在逻辑上联系到一起。其分布式特征表现在：

1）地球系统科学数据形成基础

地球系统科学数据是对地球系统特征和过程的描述。地球系统特征存在着空间变异性，即在空间展布上，属性是距离的函数，在时间上属性是时间的函数，这导致地球系统

科学数据不论是时间、空间和属性上都存在抽象意义的空间差异。数据集往往是对特定区域某种要素的描述，相对于其他区域的数据必然是分散的。人们对地球系统过程的研究是由来已久的，从 19 世纪初杜能的农业区位论，到戴威斯的地貌发育，再到行为地理和感应地理。在地球系统中地理特征是以地学过程的快照（snapshot）形式出现的，过程更与区域的背景条件密不可分。以地球系统过程为描述内容的地球系统科学数据的内容分散性更是必然的。

2）地球系统科学数据采集状况

地球系统科学数据采集有明显的区域性，各类社会经济统计、普查数据都是在不同级别的各种区域内进行的；各种自然要素的地球系统科学数据的获取也是在各种地理区域尺度上进行的。这一方面是因为地球系统科学数据有区域分布的特点，另一方面数据生产者多有区域背景。

3）地球系统科学数据存储、维护和更新

地球系统科学数据的存储、维护和更新是由分散的地球系统科学数据库或专业机构完成的，无论是从技术可能性，还是实际需求上都不可能将全球或全国的各类地球系统科学数据集中到一起管理。地球系统科学数据的更新是对地球系统特征和过程新特点的再表达，而这些工作只能在分散的地球系统科学数据库中或由专业部门完成。

4）地球系统科学数据运作的分布式

正因为地球系统科学数据的分散特征和地球系统科学数据用户的分散性，才导致了分布式地球系统科学数据库、网络 GIS 及其相关地球系统科学数据共享系统的研究和发展。

由此可见，数据资源的分散性不仅是地球系统科学数据的一个典型特点，而且是研究型、参考型数据资源的又一个根本特点。

2.2　研究型科学数据共享面临的主要问题

随着共享活动的深入，科学数据资源积累的规模和数量不断增大，科学研究需求也在不断增强。这些问题可以归结为以下几个方面：

（1）科学数据的整合集成理论和方法研究非常欠缺

尽管在《科学共享工程》（简称《工程》）试点阶段以整合现有数据资源为主，但并不是只把这些数据由数据生产者或业务处室直接转移到数据共享中心。早在科学数据共享工程 2004 年 4 月第一次试点工作会议上，与会专家指出：“整个科学数据共享工程要以科学数据的整合集成为重点，而不是将海量杂乱的原始数据集进行共享，同时数据共享应当尽量达到体系化和完整化（包括空间分布的完整和时间序列的完整）。”

但是由于对科学数据整合集成的概念理解模糊，缺乏科学的数据整合集成技术和方法指导，没有解决数据质量等一系列数据整合中的关键问题的办法等，科学数据的整合和集成成为一个共性的难题。

（2）研究型和参考型数据共享的需求越来越强烈

随着科学数据共享的广度和深度不断扩大，越来越多的研究型和参考型数据需要整合和共享。这种需求来自国内和国际两个方面。一方面国内科学研究的跨学科性增强，需要更丰富数据资源的支持。另一方面，国际科学数据中心的发展，吸引了大量国内数据。但我们自己的数据库影响力有限，不仅很难集成国内数据，而且也很难吸引国外数据。

（3）研究型和参考型数据整合集成中一系列难题需要解决

目前，对于我国科技创新具有重要支撑的大量研究型、参考型数据尚未形成数据整合集成与共享的技术、机制和规范。就数据整合集成的技术而言，由于研究型和参考型数据具有典型分散性特点，还缺少一系列关键问题的解决。例如数据整合与集成的技术流程是什么？数据质量如何控制？如何开展标准化的处理？等。

研究型、参考型、资源型科学数据资源为科技创新发挥了巨大支撑作用。而资源型科学数据共享，主要依靠行业部门的数据中心进行管理，有相对成熟的规范和体制来约束。而研究型、参考型数据由于学科范围广、数据类型多样，始终是数据集成的难点。从国家层面到地方政府对科学数据共享的逐渐重视，许多地方在建立相应的共享系统和开展共享服务。在多种多样的应用实践中，暴露出科学数据整合集成在理论和技术上的一系列问题。

就数据整合集成的技术而言，由于研究型和参考型数据具有典型分散性特点，还缺少一系列关键问题的解决：

- 如何理解数据整合和集成的内涵，以使不同学科和领域的数据整合集成人员有共同的理念。
- 数据整合和集成的共性技术模式是什么？技术流程是什么？
- 元数据技术很好地解决了资源型数据的整合，它在研究型、参考型数据库中发挥什么样的作用？
- 数据质量评价是科学数据共享的一个难点和重点。如何解决数据整合和集成中的质量评价问题？

本项研究正是面向以上问题开展的，预期通过理论与技术研究，促进对数据整合和集成理念的认识，提高集成的技术和方法，为国家科技基础条件平台建设提供一定的参考。

2.3　地球系统科学数据整合集成内涵

"集成"（Integration）最直观的概念来源于机器制造领域。例如电子制造领域的集成电路（integrated circuit），是指制作在小硅片上的许多晶体管、电阻等元件组合成的电路，通过组合至少能执行一个完整的电子电路的功能。因此，可以理解"集成"的本意是指："使成为整体，使之一体化"。在信息技术领域，集成是指将分散的系统有机地结合成一个统一的整体，以取得系统的协同效益。

可见，从系统角度来看"集成"注重整体的功能，是一种功能提升的驱动。这一认识在初期阶段对数据整合和集成有很大的影响。例如，早期 GIS 中的数据集成主要是以软件功能为中心的。但随着计算机技术和 GIS 应用系统的发展，已经逐步从软件系统为中心过渡到以信息或数据为中心。下面，将分析数据整合和集成的内涵。

在地理空间数据整合中，关于数据集成有很多不同的说法。最简单的表达是指通过结合分散的部分形成一个有机整体。根据其侧重点可分如下几类（Shepherd，1991）：① GIS功能观点认为数据集成是地理信息系统的基本功能，主要指由原数据层经过缓冲、叠加、获取、添加等操作获得新数据集的过程；② 简单组织转化观点认为数据集成是数据层的简单再组织，即在同一软件环境中栅格和矢量数据之间的内部转化或在同一简单系统中把不同来源的地理数据（如：地图、摄影测量数据、实地勘测数据、遥感数据等）组织到一起；③ 过程观点认为地球空间数据集成是在一致的拓扑空间框架中地球表面描述的建立或使同一个地理信息系统中的不同数据集彼此之间兼容的过程；④ 关联观点认为数据集成是属性数据和空间数据的关联，如 ESRI（1990）认为数据集成是在数据表达或模型中空间和属性数据的内部关联；David 等（1993）认为，数据集成不是简单地把不同来源的地球空间数据合并到一起，还应该包括普通数据集的重建模过程，以提高集成的理论价值（李军和费云川，2000）。

以地球系统科学数据共享网中最常见的地理空间数据为研究对象，综合比较分析前人的研究成果，可以对数据集成的内涵提炼出以下九点（王卷乐，2007）：

（1）数据集成是异质数据一体化整理的过程

集成并不是简单的数据相加或合并，而是在一种统一框架下的数据重组和模型重建。数据集成解决不同数据源之间的一种或多种异质性。因此，数据集成可定义为："将具有某种或多种异质性的数据源整合到一个单一的、统一框架下，从而形成一体化数据集的过程"。这里所说的"统一框架"是一个很宽泛的概念，其内涵随数据源之间存在异质性的层次和种类不同而不同，这样也就产生了不同层次和类型的地理空间数据集成。

地球空间数据集成是基于地学内容、知识和规律的，在集成中对数据处理有两种性质：一是数据外部形式协调处理，其标志是数据空间特征相对位置、特征数量、属性的构成及层次不发生变化；二是数据特征内容的变化，即集成数据参与运算，空间特征、属性内容、时间特征尺度等或多或少发生了变化，或生成了新的数据集。

地理信息系统中的空间数据和属性数据的匹配就是一种一体化的集成。通过集成使得地理空间信息与对象的属性信息统一到同一个描述框架下。如图 2.1 所示，用水量数据与我国行政区划集成后，可以更直观地表达数据特征。

（2）数据集成是多源、异构数据的有机集中

从逻辑上分析，数据集成指不同来源、格式、特征的地学数据逻辑上或物理上的有机集中。其目标是通过对数据形式特征（如格式、单位、比例尺等）和内部特征（属性等）进行全部或者部分调整、转换、分解、合成等操作，使其形成充分兼容的无缝数据集。

"有机"是指数据集成时充分考虑了数据的空间、时间和属性特征，以及数据自身及其表达特征和过程的准确性（李军等，1999；陈述彭等，1997）。

"无缝"表现在数据的空间、时间和属性上的无间断连续性。就地学空间数据而言，空间无缝指地理特征在不同数据集中的空间范围连续性；时间无缝指地学过程允许范围内的时间不间断；属性无缝指属性类别、层次的不间断特征。数据尺度已作为地球空间数据更根本的一个属性融合到了数据的空间、时间和属性中。

图 2.1　全国 2002 年用水量分布图

例如，矢量数据、栅格数据、属性数据是地理空间数据的常见类型。缺少集成手段的情况下，这三者独立以文件形式存储，他们在逻辑和物理上都是分离的。随着栅矢一体化数据结构的研究和技术发展，如今它们可以很方便地利用 ESRI 的 ArcSDE 存储在关系型数据库中。这一方面使得这些异构数据物理上集中式地存储在数据库中，在逻辑上也是一体化表达的。

（3）数据集成在时间序列、区域上具有连续性

时空序列性是地理空间数据价值的重要体现。时间序列越长、空间尺度越完整，这个数据集的价值就大，被利用的程度就高。数据集成的重要作用就是促进这些数据的时空连续性。从内涵上说，数据集成追求一种连续、无缝的数据表达。

从时、空两个角度来分析，数据集成可分为时间集成和区域集成。

时间集成，以时间为集成主体，内容包括多时间尺度数据集成、时间序列数据集成等。区域集成，指根据一定区域范围集成各种类型的数据(Eugene. A. Fosnight，1992)。

时间集成很容易理解，例如长序列的台站观测数据、社会统计数据等。在区域上的数据集成，可以在数据的覆盖完整性和尺度变化性两方面体现。在覆盖完整性上，例如土壤侵蚀数据是反映生态和环境变化的一个重要因素，在研究过程中可能需要某个重要地理单元的数据，或者全国乃至全球的数据，根据需要开展相应范围数据的整合。我国资源与环境数据集的空间覆盖范围有如下几种类型：1) 依据标准地图分幅的数据集，如地形图。由这类地形图得到的地球空间数据则继承了原图幅的空间范围，并以这种区域方式进入应用领域。2) 行政区域范围。农业、工业及其他人文经济方面的数据大多采用这种区域。

3）自然单元及习惯研究区范围。这种区域遵循了自然（组合）单元的空间范围，当然也是这类问题研究中经常使用的空间区域，如地质数据以不同级别的地质构造单元为数据集的覆盖范围；气候数据以不同级别的地貌地形单元为研究区域；河流水文数据以各种流域为数据单元。4）数据获取设备覆盖区域单元，例如遥感数据。（成伟光、李军，1999）

在尺度方面的变化则是集成的一个难点，也是研究的一个热点，可以把它作为个专门的内涵来分析。

（4）根据不同的尺度及其变化做相应的数据集成

地理信息描述的范围是广泛的，它的数据描述区域从局部向大区域，甚至全球范围发展。随着地理信息的用途多样化，需要多种比例尺甚至连续比例尺来表达更多的地理内容。但与此同时，空间数学基础却没有得到相应的变化和发展，这正是多源数据集成困难的症结所在，由此引发了一系列的问题。例如，对于大区域数据将不能全局地连续可视化；空间数据库系统不便于动态变化和扩张；椭球体参考系下的可视化问题，等等。

这个问题的核心就在于地理学中的尺度转换。尺度间的相互依赖是地理学家观察世界的三个"透镜"之一。对尺度的关注，可以至少避免两种错误，即用错误的空间尺度观察问题和对因果关系的曲解。因此尺度问题是地理学研究的核心问题之一。关于尺度的概念表述见表 2.1 所示。

表 2.1　空间尺度的含义

术语	含义	使用领域
尺度	指的是一个事物或过程经历时间的长短或在空间上涵盖范围的大小	广泛使用
绝对尺度	实际的距离、方向、形状和几何特性等	
相对尺度	利用相对距离、方向、形状和几何特性以及特定的函数关系表达绝对尺度	
制图比例尺	地图距离和地球表面实际距离的比率	地图学
分辨率	测量的精确程度，空间采样单元的大小	遥感
粒径	给定数量的最大分辨率	景观生态学
范围	研究区域的大小或考虑的时间范围	
支集	度量或定义（属性）值的空间	地统计学
步长	相邻现象、采样或分析单元问题的量度	空间分析生态学

多尺度是资源环境数据的一个主要特征。不同类型的资源环境要素特征在空间上占有不同大小的区域（即尺度），则每一种资源环境数据要素特征有一种最为合适的空间尺度区域来描述它，同时同种特征在不同尺度上表现为不同的性质，如大气运动在大尺度上的规律在小尺度上可能成为无规则的紊流。但多尺度数据集成主要处理的是在多种尺度上均能表现的特征，如地形数据在大尺度上表现的是大的走势，面在小尺度上则反映具体的地形变化。

资源与环境多尺度数据的处理方法是：根据集成项目要求确定尺度的类别；确定在该尺度（空间和时间）最能反映各要素的数据精度；如果适宜精度数据集无法获取，用其他尺度的数据集替代，尺度相差较大时则对数据集进行数据抽象或细化处理；然后基于内容进行数据集成处理。

（5）数据集成需要有效的技术支持

由具体分析数据集成的内涵不难发现，数据集成过程中不仅涉及方法问题，而且需要多种技术的支持。除了面向应用的各类专业知识以外，地理空间信息数据整合涉及地理信息系统(GIS)、数据库、计算机信息网络、地图处理等专业技术支持。这可以体现为以下几个方面：第一，对不同环境下分散存储的地理空间数据进行调查、分析、规范化和标准化处理，并进行信息的分类、抽取和逻辑集中；第二，利用 GIS 技术、网络技术、Web技术、数据仓库技术、信息安全技术，对地理空间数据进行链接、结构优化、网络互联，建立新的面向应用系统开发建设的信息网络数据库或数据仓库体系；第三，建设统一的地理空间数据库管理机制，使数据种类方便地添加、删除、修改，容易扩充和升级；第四，按照应用信息系统的实际开发需要，开发地理空间数据共享应用平台，构建新的应用系统，使地理空间信息在政府或企业的日常办公、内部管理、信息查询和决策支持等方面发挥更大的作用；第五，利用 GIS 空间分析、数据挖掘等技术，建立以地理空间信息为核心的模型预测系统、辅助决策支持等系统；第六，对可以公开的地理空间信息资源通过Web、GIS 等技术进行发布，面向社会公众提供综合信息咨询和信息服务。

充分运用这些技术，可以从数据集成中获得"指数级"的好处。将许多地理数据集联合在一起分析所得到的结果要远远大于将这些数据集单独分析的结果之和。

（6）提高数据的互操作性与兼容性

在 Internet 环境下进行数据集成，特别是大型分布式地理信息系统的集成，要求实现基于网络的无缝的海量空间数据共享和互操作以及对地理操作服务的共享和分布处理。因此异构地理数据集成系统必须具备以下要求。

1）可互操作性：系统提供空间数据和空间操作的标准接口。

2）可伸缩性：这主要表现在功能的增加和处理数据量的大小上，可以通过在局部系统上实现相对独立的功能组件和对系统应用组件进行重新配置来实现。

3）可移植性：系统应该独立于具体的软件环境、硬件平台和网络体系。

4）可扩展性：系统可以随着新的空间数据类型和处理方法的发展而发展，具有容纳新的空间数据处理技术的能力。

Len Seligman 等(1996)把数据集成系统分为在已有的系统中做新的界面、在不同数据源之间传递统一的访问请求、数据在结构松散的互操作系统中传输、数据仓库方式和数据移动等类型。每一种集成中都要用到诸如：组成系统描述、界面描述、参考定义、语意相关性、转换功能模块库、访问控制和义务等。地球空间数据由于来源不同其参考体系及各种参数存在着很大差异，如何使之匹配起来，需要经过一系列的转换、一致化操作等过程。

（7）数据集成需要规范化的处理

无序的数据集成会得到适得其反的效果，尤其是随着数据的积累，这种情况更加明显。在不同行业和领域的应用中，数据集成都要有标准化的技术要求。只有这样才能形成标准化的数据产品，才能达到前文提到的数据互操作、数据尺度转换等目的。

　　为实现不同应用系统中异构数据间的交换集成，必须提供一种统一的数据转换模式，以便将存在各种差异的信息，都转换成一定的标准结构样式，然后各异构数据库再将标准化的信息转换成本地数据，进而完成信息的集成共享。

　　对于数据交换来说，最重要的是进行数据交换的双方要对数据的格式达成统一的认识。只有采用统一的数据格式，才能实现数据的自动流转、处理等功能。目前各行业都在积极制定本行业的 XML 数据规范。Microsoft 设立了"BizTallk"站点，用户可以把自己制定的 XML Schema 提交到这一站点，或是下载其他人已制定好的 Schema。

　　数据集成的规范化标准有很多种。例如，数据集成的元数据标准、数据集成中的分类标准、数据集成中存储模式标准等。有关元数据的问题将在第 3 章重点介绍。

　　(8) 提高数据的关联和挖掘能力

　　为什么要进行数据集成？从某种意义上说，单一主题的独立数据库就像一个高效的电子辞典，或者称之为手册数据库，查询只限于本主题的内容，难以获取相关的信息。独立数据库带来的另一个问题是某种数据可能在几个数据库中都存在，但是彼此都不全面。例如，科学家在解决北京地区沙尘暴的发生机理问题上，除了需要基本的沙尘暴监测数据以外，还需要基础地理数据、数字高程模型 (DEM) 数据、土壤类型数据、土地利用数据、植被数据、降水数据、风力数据、日照数据、气温数据等一系列数据集支持。因此这就要求数据集成中要有数据的关联和挖掘能力。

　　(9) 数据集成提高到语义集成的高度

　　上述关于地理空间数据的集成研究主要集中于物理实现和逻辑模型层次上的集成方法，是从数据本身入手来研究数据集成，是一种微观的数据集成研究。数据是信息的外在表现，是用户对客观世界认知和抽象的二进制表达，这种二进制表达本身对于应用而言没有任何意义，只有赋予了人的解释或理解即语义才有意义。因此，数据集成必须同时集成数据的语义，才能全面满足用户应用的需要。

　　随着计算机技术的进步，许多困扰数据集成的技术问题都得到了较好的解决，例如异构数据存储问题、远程数据访问问题等，但语义问题始终没有很好的解决方案。基于本体的语义共享是目前的一个研究热点。

2.4　地球系统科学数据整合集成原则

　　通过对研究型和参考型数据九种涵义的分析，可以看出数据整合集成应该遵循的基本原则和发展趋势。这将在理念上支持数据整合和集成的具体做法。

　　异构数据源的数据整合和集成的目的是为社会或信息系统提供集成的、统一的、安全的、快捷的信息查询、数据挖掘和决策支持服务。为了满足这个需求，整合、集成后的数据必须保证一定的集成性、完整性、一致性和访问安全性。

　　(1) 集成性。集成后的信息系统数据是各异构业务数据的有机集成和关联存储（整合、发掘出各业务数据间的内在关联关系），而不是简单、孤立地堆放在一个数据库系统里，可以方便快捷地在信息仓库中查询所需信息，不必再到各业务分系统中查询和人工处理后获得。

（2）完整性。包括数据完整性和约束完整性两方面。数据完整性是指完整提取数据本身，约束完整性是指数据与数据之间关联关系的完整，是唯一表征数据间逻辑的特征。保证约束的完整性是良好的数据发布和交换的前提，可以方便数据处理过程，提高效率。

（3）一致性。不同业务信息资源之间存在着语义上的区别。这些语义上的不同会引起各种不完整甚至错误信息的产生，从简单的名字语义冲突（不同的名字代表相同的概念），到复杂的结构语义冲突（不同的模型表达同样的信息）。语义冲突会带来数据集成结果的冗余，干扰数据处理、发布和交换。

（4）访问安全性。各业务数据系统有着各自的用户权限管理模式，访问和安全管理很不方便，不能集中统一，所以在访问异构数据源数据基础上保障原有数据库的权限不被侵犯，实现对原有数据源访问权限的隔离和控制，就需要设计统一的用户安全管理模式来解决此问题。

第3章 地球系统科学数据共享标准规范体系

3.1 数据共享标准规范体系

标准是外来语，英文是"standard"。"Stand"是站立的意思，"ard"是地点，连在一起有基石、基地、旗帜、旗杆的意思。"Standardize"，"standardization"是使某物或某事按照标准去做的意思，是按照标准校对或与标准相比较来评估。重复投入、重复生产、重复加工、重复出现的产品和事物才需要标准。事物具有重复出现的特性，才有制定标准的必要。标准的对象就是重复性概念和重复性事物。简单地说，标准是对一定范围内的重复性事务和概念所做的统一规定（这些规定最终表现为一种文件）。

标准的运用使重复出现和无限延伸的需求简单化。举个历史上的例子。在铸币出现之前，人们在交易时总要用秤来称量银两，很麻烦。后来发明了铸币，事情就简单多了。但是最初的铸币有各种形状，大小不一，用铜的重量也不一致。到了秦朝以后才用法律规定了铸币的重量和大小，从根本上解决了问题。其实，在人类社会的发展过程中，不只是中国经历这样的过程，几大文明古国差不多都是如此，只是中国人更聪明些，在圆圆的铜钱中央开了一个方孔，以便用绳子串起来携带。可见，所有这些作法都是为了同一个目的：简单化和统一。标准的本质在于统一。

标准体系是指一定范围内的标准按其内在联系形成的科学的有机整体，一般包括标准体系结构图、标准明细表、标准统计表和标准编制说明。标准参考模型描述了科学数据共享标准化的总体需求、基本原则，定义了与科学数据共享相关的一系列标准规范的体系结构框架，并且提出了相应标准产生的原则。

3.1.1 国际标准体系研究进展

（1）开放地理数据互操作规范（OpenGIS）

为了研究和开发开放式地理信息系统技术，1994年在美国成立了开放地理信息联合会（OpenGIS Consortium，OGC），制定提出了开放的地理数据互操作规范。OpenGIS 倡导采用新的技术和商业方式来提高地理信息处理的互操作性，主要包括：不同数据格式的地理信息系统间的互操作、不同信息团体间的互操作和不同分布式计算机平台间的互操作（刘琳琳和刘鹏，2013）。OGC 技术发展过程产生了两类规范：抽象规范和实现规范。抽象规范是为了开发一个概念模型，用于产生实现规范。实现规范是为了实现工业标准和实现软件应用编程接口的技术平台规范。截至 2015 年 6 月，OGC 互操作规范共有 22 项抽象规范（表 3.1）、87 项执行标准、1 项 OGC 参考模型、41 项白皮书、133 项公共工程报告、41 项最佳实践文档和 119 项讨论稿（http：//www.opengeospatial.org/standards/as）。OpenGIS 规范能够指导开发者开发满足 OpenGIS 规范的中间件和处理各种地理数据的应用组件，其覆盖范围包括：获得在各类平台之间的连接、获得地理数据和对地理数据处理的服务、获得对地理数据的正确理解（朱铁稳等，2001）。

表 3.1　OGC 互操作规范的 22 项抽象规范

序号	抽象规范名称	版本号	文档号	作者	修订日期（年/月/日）
1	Overview	5.0	04－084	Carl Reed	2005/6/27
2	Feature Geometry	5.0	01－101	John Herring	2001/5/10
3	Spatial referencing by coordinates	4.0	08－015r2	Roger Lott	2010/4/27
4	Spatial Referencing by Coordinates—Extension for Parametric Values	1.0	10－020	Paul Cooper	2014/4/16
5	Locational Geometry Structures	4.0	99－103	Cliff Kottman	1999/3/18
6	Stored Functions and Interpolation	4.0	99－104	Cliff Kottman	1999/3/30
7	Features	5.0	08－126	Cliff Kottman and Carl Reed	2009/1/15
8	Schema for coverage geometry and functions	7.0	07－011	OGC	2007/12/28
9	Earth Imagery	5.0	04－107	George Percivall	2004/10/15
10	Relationships Between Features	4.0	99－108r2	Cliff Kottman	1999/3/26
11	Feature Collections	4.0	99－110	Cliff Kottman	1999/4/7
12	Metadata	5.0	01－111	ISO	2001/6/8
13	The OpenGIS Service Architecture	4.3	02－112	ISO	2001/9/14
14	Catalog Services	4.0	99－113	Cliff Kottman	1999/3/31
15	Semantics and Information Communities	4.0	99－114	Cliff Kottman	1999/4/4
16	Image Exploitation Services	6.0	00－115	Cliff Kottman, Arliss Whiteside	2000/4/24
17	Image Coordinate Transformation Services	4.0	00－116	Cliff Kottman, Arliss Whiteside	2000/4/24
18	Location Based Mobile Services	0.0	00－117	Cliff Kottman	2000/5/15
19	Geospatial Digital Rights Management Reference Model (GeoDRM RM)	1.0.0	06－004r4	Graham Vowles	2007/1/29
20	Geographic information—Linear referencing	2012	10－030	Paul Scarponcini	2012/3/20
21	Observations and Measurements	2.0	10－004r3	Simon Cox	2010/11/10
22	Telecommunications Domain	1.0	01－042	Tom Strickland	2001/10/9

OGC 参考模型详细地解释了各项基本标准，并描述了各标准文档之间的关系，为协调和理解不同领域的标准提供了基础，该参考模型框架为地理数据开放互操作的长远发展提供了保证。

（2）ISO 19101 地理信息参考模型

ISO/TC211 制定的 ISO 19101 地理信息系列标准目的是实现地理信息的互操作，密切结合了地理信息服务和现代化计算机技术、网络技术和通信技术。该参考模型定义了地理信息领域的标准化框架，阐明地理信息管理的方法、工具和服务，使地理信息标准体系更加完善，标准内容更加深化和具体。

ISO 19101 提出的体系结构参考模型是在 ISO/IEC TR 14252：1996 描述的用于确定标准化要求的 ISO 开放系统环境（OSE）方法和 ISO/IEC 10746−1：1995 描述的开放分布式处理（ODP）参考模型的基础上建立的。在该模型的基础上，ISO 19101 确定了如图 3.1 所示的六类地理信息服务，并提出了相应的标准，信息管理服务用于存储和管理地理信息；人类交互服务提供了人类和地理信息系统之间的接口；工作流程/任务管理服务处理地理信息和服务的买卖订购；通讯服务负责计算机网络上的地理信息传输；地理信息处理服务侧重于地理信息的处理；系统管理服务负责管理系统用户和系统性能。

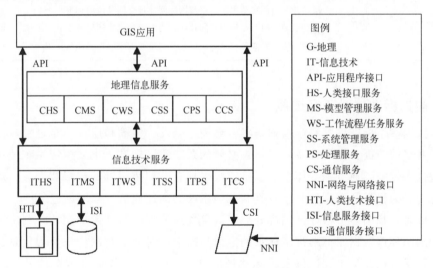

图 3.1　ISO 19101 的六种地理信息服务（姜作勤等，2003）
美国联邦地理数据委员会（FGDC）

（3）美国联邦地理数据委员会（FGDC）标准参考模型

为了响应 OMB 的 A−16 号通告和 EO12906 号执行令中提出的强制数据共享和坚持联邦各部门的公共标准，美国联邦地理数据委员会在 1996 年制定了 FGDC 标准参考模型（洪志远，2011）。该参考模型主要内容包括标准制定的原则和方法、标准的文档格式、标准的应用和审查等，不仅规范化了标准的编制程序和标准的使用政策，而且还为 FGDC 编制标准提供了指导路线。

标准工作组（SWG）为参考模型确定需求和基本的内容要求，并且负责 FGDC 标准参

考模型的维护(孟凡英,2002)。2013年7月31日,FGDC发布了新的美国国家空间数据
基础设施(NSDI)战略规划草案(2014—2016年),其目的是为了完成FGDC的使命,保证
全球用户能够获取地球科学数据和信息,满足国家对基本地理空间数据的需要,从而积极
推动地理空间数据的应用。NSDI(2014—2016)规划中提出了三个总体战略目标,明确了
FGDC未来3年的工作框架,其中每一个总目标的下面都有一项或多项子目标来支撑计划
的成功实施(National Spatial Data Infrastructure Strategic Plan (2014—2016),2013)(表
3.2)。

表 3.2 NSDI 2014—2016 年战略规划目标情况表

总体目标	详细目标
发展国家共享服务功能	发展地理空间互操作的参考架构 将地理空间平台制度化 扩展云计算的应用 促进政府与各部门对工具的统一采购与应用
确保联邦地理空间资源的可说明性与有效管理	完善国家地理空间数据资产(NGDA)的组合管理程序 识别潜在的重复投资与合作机遇
实现对国家地理空间社区的领导	领导并参与制定适用于国内与国际间地理空间社区的标准 通过地理空间及非地理空间社区,为关键的国家问题开发共享方法 提高对国家空间数据基础,以及其对重要国家问题影响的认识

3.1.2 国内标准体系研究进展

科学数据共享标准贯穿科学数据采集、处理、分发、传输和应用的全过程,标准化是
科学数据共享的前提。标准体系既要考虑必要的系统建设标准,也要拟定系统使用、维护
与管理的技术规范。通过标准体系可以确定数据拥有者和使用者的权限和义务,规范信息
交换的行为,为科学数据高效共享及其与其他系统的高速通信、联网创造条件。

长期以来,我国多个行业部门都开展了信息资源的管理与开发应用,并制定了有关标
准体系。围绕环评数据库标准规范体系的定位与需求,对当前我国国土资源信息、农业资
源信息、科学数据共享工程,以及国际地理信息(ISO 19100)等标准规范体系(姜作勤等,
2003a;姜作勤等,2003b;姚艳敏等,2006;徐枫等,2004;阎正等,1998)框架进行分析,
如表3.3所示。

表 3.3 信息资源标准体系对比分析表

类型 \ 领域	国土资源信息	农业资源信息	科学数据共享工程	地理信息(ISO 19100)
指导 标准	◇标准参考模型 ◇国土资源信息标准通用术语 ◇专用标准规则 ◇一致性与测试 ◇标准质量控制指南等	◇农业资源信息标准参考模型 ◇农业资源信息标准通用术语 ◇专用标准规则 ◇一致性与测试 ◇标准质量控制指南	◇标准体系及参考模型 ◇标准化指南 ◇科学数据共享概念与术语 ◇标准一致性测试	◇参考模型 ◇概念 ◇概念模型语言 ◇术语 ◇一致性和测试

类型＼领域	国土资源信息	农业资源信息	科学数据共享工程	地理信息(ISO 19100)
通用标准	数据描述类 ◇基础地理框架数据模型 ◇综合基础数据模型 ◇元数据数据模型 ◇空间参照系 ◇高层信息分类与编码 ◇数据元描述标准 ◇概念模式语言	数据描述类 ◇农业资源信息分类和编码 ◇农业资源信息数据元表示 ◇农业资源信息元数据	数据类 ◇元数据内容 ◇元数据 XML/XSD 置标规则 ◇元数据标准化基本原则和方法	地理信息服务类 ◇定位服务 ◇表示法 ◇服务 ◇编码
	数据产品与生产类 ◇数据产品的分类与命名规则 ◇数据库设计指南 ◇数据质量元素 ◇质量检查与抽样方法 ◇质量评价规程 ◇产品标志、包装、存储介质通用要求		服务类 ◇数据发现服务 ◇数据访问服务 ◇数据表示服务 ◇数据操作服务	数据管理类 ◇编目 ◇基于坐标参照 ◇基于地理标识参照 ◇质量 ◇质量评价过程 元数据
	数据管理类 ◇数据汇交验收规定 ◇数据共享规定 ◇信息安全与保密规定 ◇数据更新与维护规范 ◇系统运行与维护规范	数据管理类 ◇空间数据库设计指南 ◇农业资源信息数据共享与发布规定 ◇数据安全与保密规定 ◇系统运行与维护规范 ◇数据质量控制标准	管理与建设类 ◇质量管理规范 ◇数据发布管理规则 ◇运行管理规定 ◇信息安全管理规范 ◇共享效益评价规范 ◇工程验收规范 ◇科学数据中心建设规范 ◇科学数据网建设规范	数据模型和操作类 ◇空间模式 ◇时间模式 ◇空间操作符 ◇应用模式规则
	应用系统建设类 ◇应用软件设计开发规范 ◇软件质量要求与测试 ◇应用系统建设指南 ◇网络建设规范	应用系统建设类 ◇农业资源信息系统建设规范 ◇应用软件设计开发规范 ◇农业资源信息网络建设规范		
	信息服务类 ◇服务质量规范 ◇服务规范 ◇数据交换标准 ◇图示表达描述机制 ◇处理服务的类型与接口 ◇WEB 地图服务器接口	信息服务类 ◇农业资源信息数据交换标准 ◇农业资源信息图示表达规范		
专用标准	略	略	◇领域元数据内容 ◇领域科学数据分类与编码 ◇领域数据模式 ◇领域数据交换格式 ◇领域数据元目录 ◇领域数据图示表达规范	略

基于以上对比，可见在信息资源标准规范体系的框架可以分解为三个共性层次，即指导标准、通用标准和专用标准(王卷乐等，2011)：

- 指导标准：指与标准的制定、应用和理解等方面相关的标准。它阐述了标准化的总体需求、概念、组成和相互关系，以及使用的基本原则和方法等。例如，标准参考模型、通用述语、一致性与测试、标准化指南等。
- 通用标准：是各专用数据库标准规范建设的基础，用以规定专用性标准的共性框架。在信息管理领域，主要可以分解为数据描述类标准、数据产品与生产类标准、数据管理类标准、数据服务类标准、应用系统建设类标准等。
- 专用标准：指标准体系中针对某一适用范围的、具有专用性条款的标准。此类标准是根据通用标准制定出来的满足特定领域数据共享需求的标准，重点反映具体领域或应用业务。

3.2 地球系统科学数据共享标准规范体系设计

3.2.1 地球系统科学数据共享概念模式

地球系统科学数据共享的概念模式如图3.2、图3.3所示。图3.2显示，基于项目A所产生的科学研究数据只提供给项目A的用户使用，并不直接服务于其他用户。这使得其他用户很难发现这些数据，即使其他用户能够找到并且访问这些数据，也因为缺乏数据共

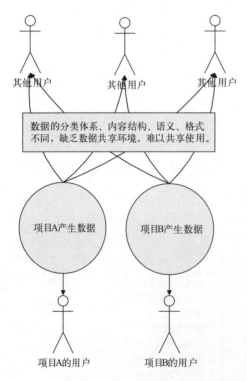

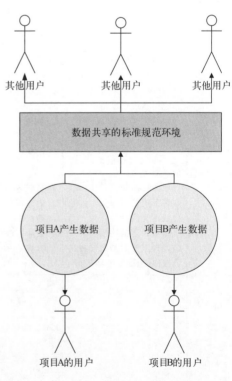

图3.2　缺乏数据共享标准规范环境的项目数据　　图3.3　进入数据共享标准规范的项目数据

享环境，数据分类体系、内容结构、概念语义、数据格式等方面信息不完整，很难理解和使用。同样，项目 B 所产生的数据也只提供给项目 B 的用户，其他用户也无法获得。这就导致大量的项目数据无法为更多人使用，没有发挥研究项目数据应有的科学价值。

反之，如果建立一个数据共享的标准规范环境，则可以按照统一的标准规范接纳项目A、项目 B 以及更多项目的数据，如图 3.3 所示。由于这些数据遵从同样的元数据标准、数据文档格式等标准规范，非常易于实现数据搜索、访问和获取，且便于用户理解。这些数据将随着用户的不断访问和使用，发挥国家投入科研项目数据的科学价值。

3.2.2　地球系统科学数据共享标准规范体系构建原则

地球系统科学数据共享标准规范体系的构建，遵从以下原则。

(1) 标准规范体系内外协调原则

体系内部由于标准之间缺乏协调，会给数据的集成与综合造成很大困难，有时甚至是不可能的。因此，标准规范内部的各规范之间应该避免冲突，符合一致性规则。同时，标准规范体系的外部，应该与国际、国家现有的相关标准规范相协调。例如，地球系统科学数据共享平台作为国家科技基础条件平台的组成部分，其元数据标准要与国家科技基础条件平台的元数据标准、ISO TC211 的 ISO 19115 元数据标准相适应。

尽管目前还没有专门为地球系统科学研究活动制定标准规范的专门机构，但是从数据共享的角度，国内外已有部分与此相关的标准化基础。相关的标准主要包括 ISO 19100 地理信息系列标准、OGC 相关地理信息互操作标准、国家科学数据共享工程标准规范体系、国家科技基础条件平台基础标准、国家电子政务相关标准、我国地理信息相关基础标准等。

由于地球系统科学数据共享网是国家科技基础条件平台中数据共享子平台的组成部分，因此地球系统科学数据共享标准规范体系将首先立足于国家科技基础条件平台的基础标准和国家科学数据共享工程的标准规范框架上。按照标准规范内外协调的基本原则，地球系统科学数据共享标准规范将充分参考、采用、改造国际和国家标准。其体系定位如图3.4 所示。

(2) 数据方便访问原则

地球系统科学数据共享的根本目的是为分散的科学研究项目数据提供一个数据汇集、检索、访问、浏览、获取的标准规范环境。因此，便于用户访问和共享使用是一条根本原则。在其指导下，地球系统科学数据应呈现出良好的数据分类体系和完整的元数据描述信息。

(3) 参考模型指导原则

地球系统科学数据共享涉及数据的汇集、集成、管理、分发等一系列过程。相应的，地球系统科学数据共享标准规范体系应该涵盖和体现这些过程的标准化技术要求。为此，要参照 ISO 标准参考模型的指导思想，建立起整体标准规范框架。

(4) 标准与软件相结合原则

地球系统科学数据共享活动主要依赖于分布式的网络平台实施。尽可能地将标准的概念模型、逻辑模型转化成为基于分布式网络平台的物理模型，在网络平台功能中实现标准

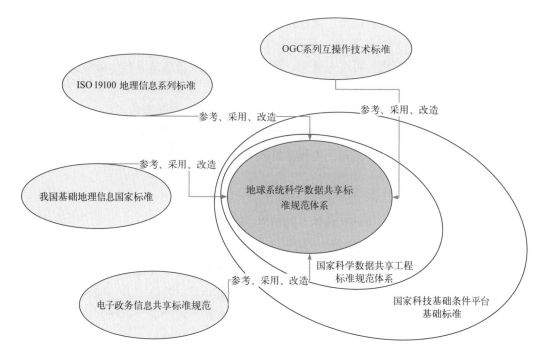

图 3.4　地球系统科学数据共享标准规范体系定位

规范的有关规定，是标准规范应用、实践和推广的最好方法。

3.2.3　地球系统科学数据共享标准规范体系构建

基于以上讨论和标准问题的需求分析，统筹设计了地球系统科学数据共享标准体系，包括指导标准、通用标准和专用标准三个层次，如图 3.5 所示。该标准体系涵盖：概念术语、数据分类、描述、集成、建库、分发、服务和质量控制等内容，可为地球系统科学数据集成共享标准的科学制定提供了顶层的指导依据。

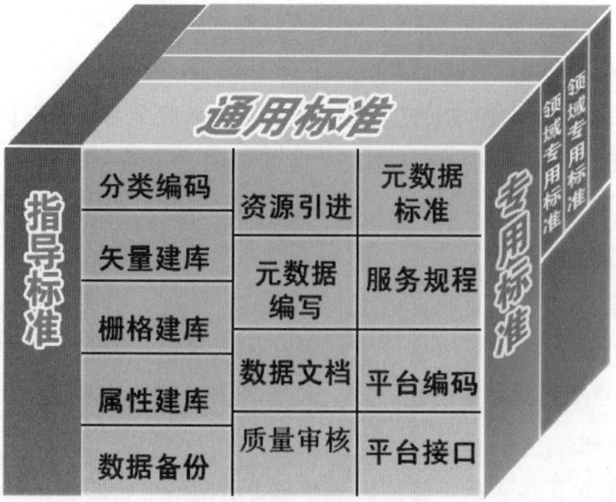

图 3.5　地球系统科学数据共享标准规范体系

（1）指导标准

指导标准阐述了科学数据标准化的总体需求、概念、组成和相互关系以及使用的基本原则和方法等。指导标准包括标准体系及参考模型、标准化指南、科学数据共享概念与术语和标准一致性测试。

标准体系及参考模型是地球系统科学数据共享系列标准的基础标准，它将不同的系列标准有机地联系成为一个整体。该标准描述了地球系统科学数据共享标准框架、数据共享标准化工作的完整要求、研制和使用地球系统科学数据共享技术标准的基本原则。此外，参考模型还包括地球系统科学数据如何与信息技术相结合、概念建模、域参考模型、体系结构参考模型。

标准化指南是对地球系统科学数据共享标准化工作的相关描述，描述了地球系统科学数据共享的背景，指出了标准化对地球系统科学数据共享的作用，明确了地球系统科学数据共享标准化工作的指导思想、工作原则，给出了标准化的总体目标、任务和程序。

地球系统科学数据共享概念与术语阐述了地球系统科学数据共享技术体系的结构、功能、基本运行方式、共享数据内容等方面的基本概念，规定了与这些基本概念相关的技术术语及其定义。

标准一致性测试描述了标准一致性测试的框架、概念、方法和达到标准一致性要求的条件。标准颁布施行以后，必须要有测试、认证的标准和相应的工具。某个应用系统遵循相应的标准建成后，只有通过了一致性测试，才能证明该应用系统符合相应的标准。

（2）通用标准

通用标准分为三类：数据类标准、服务类标准和管理与建设类标准。

1）数据类标准

元数据标准化基本原则和方法是规范设计和制定地球系统科学数据共享元数据内容标准时需要遵照的规则和方法，它从更高层次上规定了元数据的功能、结构、格式、设计方法、语义语法规则等多方面的内容。

地球系统科学数据集元数据内容是按照一定标准，从地球系统科学数据和信息资源中抽取出相应的特征，组成的一个特征元素集合。这种规范化描述可以准确和完备地说明信息资源的各项特征。元数据内容标准一般包括了完整描述一个具体对象时所需要的数据项集合、各数据项语义定义、著录规则和计算机应用时的语法规定等。不同类型的数据资源可能会有不同的元数据标准。

地球系统科学数据分类与编码是将地球系统科学数据按照科学的原则方法进行分类并加以编码，经有关方面协商一致，由标准化主管机构批准发布，作为有关单位在一定范围内进行信息处理与交换时共同遵守的规则。

矢量建库规范：资源环境领域的历史数据具有重要的研究价值，把历史数据及时数字化、建库管理，不仅能够使积累的历史数据更方便地为科技工作者使用，同时这也是科学数据共享工程中的重要一环。在长期矢量数据库建库（以下简称矢量库）的过程中，对其建设路线、操作规程和实际应用进行总结提炼、制定出本矢量数据库建设规范，以期为中国地球系统科学数据共享网中的矢量建库进行指导。矢量数据库资料预处理部分包括矢量数据库建库前期准备工作、矢量库建库前期资料整理，矢量数据库的数据采集包括数据采集作业要求、数据采集工艺流程、数据编辑处理，矢量数据库的建库包括编码命名规则、元数据标准、文档格式，矢量数据库的建立与质量控制，数据库汇交与管理等。

栅格建库规划：地学中的数据类型复杂，从存储模式上分，主要分为属性数据、矢量数据和栅格数据。栅格数据主要来源于两种渠道，一是通过矢量数据直接栅格化得到，二是通过属性数据空间化获得。不论通过哪种方式获得，都必须遵循一定的标准、规范，才有利于数据的交换与共享。为此，特制定本规范。建库目的与服务对象、数据源描述、数据加工方法描述、数据质量描述与评价、数据产品的存储格式、投影及坐标参数、栅格大小、栅格行列数、数据类型、元数据信息等。

属性建库规划：地学领域的属性数据库是由自然要素、社会经济要素及宏观环境信息组成的综合性数据库。它具有信息来源复杂、数据学科覆盖面大、数据时间跨度大、数据组织难度大的特点。本规范以属性数据库系统建设的整个过程为考虑对象，参考相关领域数据库系统建设规范，并遵循"共享网"工程项目对各专业子库建设的规范要求制定。同时可为类似的数据库建设提供借鉴。包括原始信息采集和质量控制、信息分类编码、属性数据库开发规范、数据库汇交与管理。

数据备份规划：数据备份是地球系统科学数据共享网数据资源整合与管理工作的重要组成部分。为了有效地保护数据，加强数据的安全管理，特制定本规范。包括数据备份内容、数据备份流程、数据备份考核等。

2）服务类标准

目录服务是用于描述组织、发现、访问科学数据目录信息的服务接口。目录服务可以帮助用户或应用发现分布式存储的各种科学数据。目录服务由发现、访问和管理服务组成，并为其提供外部接口。发现服务提供对科学数据资源的查找、浏览、定位功能。访问服务提供对科学数据资源的数据级或服务级的访问。管理服务提供对目录本身的管理功能，如修改目录信息、增加或删除目录等。

数据访问服务接口规范描述了用户访问数据所需遵循的接口规范，该接口规范规定了数据访问所使用的语言、参数、命名域，服务响应、数据返回的格式等多方面的内容。比如，在地学领域相关的数据访问接口规范就有：WEB 地图服务规范（Web Mapping Service，WMS），WEB 覆盖服务规范（Web Coverage Service，WCS），WEB 要素服务规范（Web Feature Service，WFS）等。

元数据检索标准规范了元数据发布器检索元数据信息的过程、方式，以及参数和接口的定义。该规范不对应用系统的具体实现进行任何描述与限制。元数据检索和提取协议包括三个方面：元数据存储、查询操作和提取操作。

科学数据共享 Web 服务使用 Web Service 标准，实现了科学数据的各种服务，它定义了科学数据应用程序如何在 Web 上实现互操作性。系统开发人员可以使用不同的开发语言，在不同的平台中编写 Web 服务，通过 Web 服务的标准可以对不同平台上的科学数据共享服务进行查询和访问。

数据分发服务指南与规范规定了建设科学数据共享数据分发服务系统，以及系统提供数据分发服务时必须遵循的标准。

3）管理与建设类标准

质量管理规范是科学数据共享工程建设过程中与质量管理相关的一系列标准。从宏观的角度来分，质量管理规范包括质量控制规范、质量控制原则与方法；从对象的角度来分，质量管理规范包括数据质量规范和服务管理规范两大类。

数据发布管理规则明确了与数据分类分级相关的概念；确定了数据分类分级包括哪些内容，涉及的范围有哪些；规定了数据分类分级应该遵循的原则；制定出数据分类分级的方法和具体步骤。

运行管理规定对科学数据共享的各个系统的运行工作做出了多方面的规定，以利于管理。它规范人员操作，软硬件维护，数据录入、更新、容灾、备份，数据质量评估等，是科学数据共享系统运行的有效保障。

信息安全管理规范涉及信息的保密性、完整性、可用性、可控性。综合起来说，就是要保障电子信息的有效性。

共享效益评价规范贯穿于系统建设的整个过程中，以及系统建设后的运行维护等方面。

科学数据网建设规范的内容包括国家科学数据网总体构架、建设原则和基本程序、网络运行环境、数据资源建设、数据存储与管理、数据加工、数据共享与服务、网站用户界面和信息安全等方面的内容。

（3）专用标准

专用标准就是根据通用标准制定出来的满足特定领域数据共享需求的标准，重点是反映具体领域数据特点的数据类标准。专用标准主要有资源环境、农业和医学等领域的元数据内容、科学数据分类与编码、数据模式、数据交换格式、数据元目录和数据图示表达规范。

3.3　地球系统科学数据共享标准规范体系初步构建

地球系统科学是地球科学 21 世纪发展的前沿领域，具有一系列显著的特征，诸如全球系统观、全时空尺度、多学科交叉集成、高新技术应用体系化、高投入、高精度、信息数字化、强社会应用性、大科学计划推动、国际合作等。地球系统科学的研究对象是地球系统及其整体行为，研究方法是对全球环境变化进行观测、理解、模拟和预测。这二者决定了地球系统科学的研究对海量的，多样化的观测、探测、调查、试验数据的依赖，迫切需要大量多学科、多来源、多类型、综合性地学数据资源的支撑。而这些数据主要来源于地学领域的科学研究项目，广泛分布于高校、科研院所以及科学家个人手中。

面对这一需求，我国自 2002 年启动国家科学数据共享工程首批九个试点时，就设置了"地球系统科学数据共享服务网"试点项目，并于 2005 年转入国家科技基础条件平台建设。该网的总体目标是整合集成分布在国内外数据中心群、高等院校、科研院所和野外监测台站及科学家个人手中历史的、现状的和未来的科学研究产生的数据资源，接收国家重大科研项目产生的数据成果及引进国际数据资源，加工、生产满足人地系统及地球系统各圈层相互关系研究的专题数据集，建立分布式地球系统科学前沿研究与全球变化研究数据支撑平台。

本节正是结合国家科技基础条件平台——地球系统科学数据共享网的建设和发展，初步构建地球系统科学数据共享的标准规范体系。初步建立了地球系统科学数据共享标准规范体系框架，如图3.6所示。该标准规范体系目前包括18项标准规范，分属于机制条例类、数据管理类、平台开发类、用户服务类四大类。

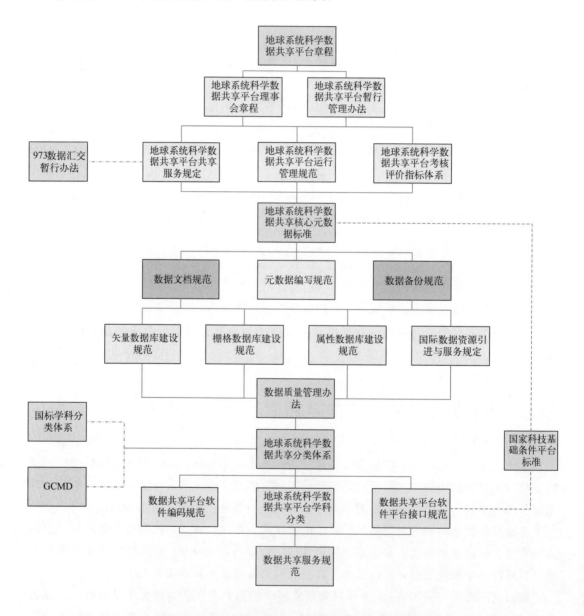

图3.6 地球系统科学数据共享标准规范体系结构图

3.3.1 机制条例类标准规范

机制条例类规范具体包括《地球系统科学数据共享联盟章程》、《地球系统科学数据共享平台章程》、《地球系统科学数据共享平台暂行管理办法》、《地球系统科学数据共享平台运行管理规范》、《地球系统科学数据共享平台数据共享条例》五项。本部分规范在外部联系上，与《国家重点基础研究发展计划资源环境领域项目数据汇交暂行办法》（本文中简称973数据汇交暂行办法）对数据资源的格式和内容要求上相一致。

机制条例类规定了标准规范体系的总体环境，以《地球系统科学数据共享联盟章程》为核心，建立地球系统科学数据汇集和共享机制。章程中规定了联盟的宗旨是积极吸引从事地球系统科学相关研究的研究院所、高等院校、数据组织和科学家个人加入，倡导地球系统科学数据共建共享环境建设，促进数据的流通、使用和增值；加强面向国民经济建设和国家创新需求研究，为地球系统科学等基础与前沿科学研究和科技创新提供数据支撑；确立共享联盟的组织机构、业务范围、联盟成员的权力和义务等核心内容。

3.3.2 数据管理类标准规范

数据管理类标准规范具体包括《地球系统科学数据共享平台元数据标准》、《地球系统科学数据共享平台元数据编写规范》、《地球系统科学数据共享平台数据文档规范》、《地球系统科学数据共享平台数据备份规范》、《地球系统科学数据共享平台国际数据资源引进与服务规定》、《地球系统科学数据共享平台数据质量管理办法》、《地球系统科学数据共享平台矢量数据库建设规范》、《地球系统科学数据共享平台栅格数据库建库规范》、《地球系统科学数据共享平台属性数据库建库规范》等九项。本部分规范在外部联系上，与国家科技基础条件平台元数据标准（征求意见稿）相一致。其中元数据标准和数据质量管理办法是数据管理的核心标准规范。

（1）地球系统科学数据共享核心元数据标准

数据共享中，元数据为各种形态的数字化信息单元和资源集合提供规范、普遍的描述方法和检索工具；元数据为分布的、由多种数字化资源有机构成的信息体系提供整合的工具与纽带。离开元数据的各种数据信息将是一盘散沙，将无法提供有效的检索和处理。地球系统科学数据共享网正是以元数据为核心，规范化汇聚、集成和共享来自于联盟成员的多学科、多类、异构数据资源。《地球系统科学数据共享核心元数据》是数据管理活动的核心标准。当前的地球系统科学数据共享核心元数据标准包括188个元数据项，其中核心元数据项为22个。

从技术角度，地球系统科学数据共享核心元数据的作用体现在以下五点。① 保证数据汇交的统一元数据格式。从入口上，定义了数据汇交的元数据标准，保证所有联盟成员汇集的数据遵从相同的核心元数据，但允许不同学科数据基于核心元数据进行扩展。② 保证基于元数据的全局搜索。基于核心元数据信息，可以实现分布式网络体系的全局数据搜索。例如以数据集名称、关键词、摘要、数据集作者等核心元数据项作为搜索条件，可以搜索到全网的所有相关数据。③ 数据描述和版权维护作用。元数据信息清晰地描述了数据集的产生背景、产生过程、主要内容、质量情况等说明信息，同时数据集的生产者信息、使用限制等也反映了数据的知识产权信息。④ 数据管理作用。通过元数据信息中的一些公共接口，例如元数据 ID、数据分类标识、数据保护期等信息，可以灵活实现对数据分类管理、数据保护管理、用户权限管理等。⑤ 促进数据交换和互操作。核心元数据保证所有数据描述信息在格式上的统一性和语义上的一致性，便于系统内部及与外部的交换与互操作。例如，地球系统科学数据共享网中的所有元数据都可以与国家科技基础条件平台门户进行互操作。

（2）地球系统科学数据质量管理办法

从以上分析可以看出，遵从统一的元数据标准是数据资源进入地球系统科学数据共享网存储环境的基本准入条件，但这并不意味着这些数据能够进入数据共享服务环境。与元数据标准作为数据汇集的准入条件相对应，《地球系统科学数据共享质量管理办法》则是所有数据能否进入数据共享服务环境的准入条件。二者的联系和关系如图 3.7 所示。

数据质量管理的重点在于三个方面。① 数据完整性。所有的数据都必须有元数据、数据文档和数据集实体备份；② 格式规范性。所有的元数据、数据文档和数据实体都必须遵循地球系统科学数据共享网规定的相关标准要求；③ 数据质量审核。所有的数据都必须经过两级审核，第一级为联盟核心成员机构对本机构提供的数据资源进行审核；第二级为地球系统科学数据共享网总中心数据管理员质量审核。通过以上三方面检查的数据，才能最终进入数据共享服务环境。

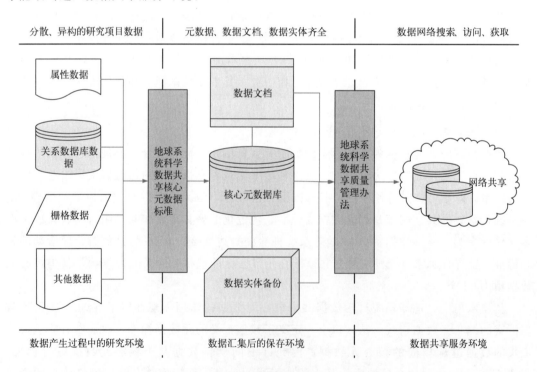

图 3.7　数据资源进入不同环境的准入条件

3.3.3　平台开发类标准规范

平台开发类和用户服务类标准规范具体包括《地球系统科学数据共享平台数据分类体系》、《地球系统科学数据共享平台软件平台编码规范》、《地球系统科学数据共享平台软件平台接口规范》、《地球系统科学数据共享平台数据共享服务规范》四项。

平台开发、用户服务类标准规范以《地球系统科学数据共享平台数据分类体系》及相应的数据目录展示技术方案为核心，指导平台软件的开发和便捷的用户服务。

地球系统科学数据分类体系规定了地球系统科学数据的时间尺度分类、空间尺度分类、数据目录分类，及相应的编码。该分类体系是数据资源后台组织和前台展示的基础，也是软件平台开发界面方案的主要依据。地球系统科学数据分类体系贵在应用，其结构体系的优劣要通过数据共享应用进行评价。结构良好的数据分类体系便于用户检索、查询、访问和获取数据，提高数据共享服务的效率。

3.3.4　用户服务类标准规范

地球系统共享平台实行公益性共享服务机制。常规服务实行完全无偿共享；专项服务以无偿共享方式为主，除收取资料复制和交付成本外，根据提供服务投入的人力智力成本，可以补偿性收取资料加工处理费适当收取补贴费用。常规服务包括以数据浏览、检索、下载、提问等形式为主的在线服务，和以电子邮件、电话、光盘等形式为主的离线服务。专项服务包括主动数据支撑服务、重大项目跟踪数据服务、用户委托数据查询服务、数据产品定制加工服务、数据库技术支持服务、数据库系统建设服务、网站构建服务、网站托管服务等。

地球系统共享平台以丰富的地球系统科学数据资源为依托，通过共享网络系统及其服务队伍向全社会提供科学数据服务。地球系统共享平台共享网络系统域名：http://www.geodata.cn。地球系统共享平台汇集、管理的各种数据均属于共享范围。地球系统共享平台对所有元数据公开发布，对数据本身实行分类分级管理，按照认证共享的原则提供实体数据服务。

完成地球系统共享平台用户注册并通过审核后，成为地球系统共享平台用户。用户享有以下权利：(1)访问和使用地球系统共享平台相应级别的数据资源；(2)可在地球系统共享平台内发布自己拥有的数据资源；(3)向地球系统共享平台提出相关意见和建议等。用户履行以下义务：(1)协议共享用户应履行各项协议约定；(2)应在所获共享数据支撑发表的成果中注明所用数据资料的来源，并寄送成果样本到地球系统共享平台存档。(3)配合地球系统共享平台进行改进数据共享服务质量的相关调查等。

用户登录后，均可直接检索、浏览和获取在线数据，或通过离线方式申请不同级别和范围的数据。科技部等政府决策与管理部门用户可在有国家应急需求时获取所有所需数据；联盟成员单位及平台主管部门——中国科学院用户具有申请所有级别离线数据的权限；其他科研、教育、企业、事业单位用户需与地球系统共享平台协商申请离线数据的级别和范围；企业、事业单位用户从事经营性活动申请获取数据，除收取资料复制和交付成本外，可以补偿性地收取资料加工处理费。离线数据申请需要提供基本的数据需求等相关信息及证明文件复印件。高级别的离线数据申请需要签订数据共享协议。用户采用积分制管理。在初始分配积分的基础上，用户可以通过参与共享管理获取更多积分，提高数据获取的权限。

第4章 地球系统科学数据共享元数据标准

4.1 元数据的概念和作用

元数据（metadata）是关于数据的说明性数据，其中，"meta"是希腊语词根，有"alongside，with，after，next"等意思。"metadata"一词的原意是关于数据本身及变化的描述数据。目前各国和一些国际机构对元数据进行了大量研究，并且已形成元数据、地球空间数据元数据标准。

元数据的最简短的定义是："元数据是关于数据的数据。"许多专家学者从不同的侧重点出发给元数据以不同的描述，总体可以归为两类：（1）元数据是数据的描述说明信息。Bretherton 等（1994）认为元数据是对数据的描述，以及对数据集中数据项的解释，它能提高数据的利用价值；CIESIN（1998）认为元数据包括数据用户指南、数据字典、数据分类目录等数据描述信息，以及任何定义它们之间关系所需要的附加性信息；Ashrafi（1995）等认为元数据是数据库管理领域的概念，是关于数据组织的数据。（2）元数据是应用系统的辅助信息。Epaminondas（1995）等认为元数据可以沟通数据和信息，是关于数据的数据，并且包括使数据使用说明的辅助性信息。元数据与其描述的数据内容有密切的联系，不同领域的数据（库）的元数据内容有很大差异。

元数据研究最早起源于计算机领域。在数据库研究领域，特别是在数据仓库领域，元数据被命名的原因在于，元数据虽然也是数据库（仓库）中的数据，但是其设置的目的是为说明其他数据。在软件构造领域，元数据被定义为：在程序中不是被加工的对象，而是通过其值的改变来改变程序行为的数据，这说明了元数据发挥的是控制指示的功能。该定义使元数据描述的对象扩展到非数据对象，对后期元数据进入其他领域具有重要的意义。

随着元数据研究的深入和应用的发展，元数据研究和应用开始在图书情报、档案管理、地理信息系统、信息处理领域等领域中的描述功能受到重视，研究重点开始从数据格式深入到被描述数据或对象的语义（概念）层次。在图书馆与情报信息界，元数据被定义为提供关于信息资源或数据的一种结构化的数据，是对信息资源的结构化描述。其作用是描述信息资源或数据本身的特征和属性，并在此基础上提供对信息资源的定位、发现、证明、评估、选择等功能。

根据以上定义，参考其他学者的观点，关于元数据有以下说明：

元数据的目标：元数据的根本目标是使数据库更易于使用；另一个目标是为计算机辅

助软件工程(CASE)服务。

元数据的内容：元数据包括对数据集的描述；对数据集中各数据项、数据来源、数据所有者及数据序列(数据生产历史)等的说明；数据质量的描述，如数据精度、分辨率、源数据的比例尺等；数据处理信息，如量纲的转换等；数据转换方法；数据库更新、集成的方法等。

元数据的性质：元数据是数据的描述性数据；对不同领域的数据库，元数据的内容有很大差异；元数据应尽可能地反映数据的特征及规律。

元数据的作用：通过元数据可以检索、访问数据库，可以有效地利用计算机的系统资源，可以对数据进行加工处理和二次开发等。

在此基础上，我们认为元数据是以数据高效利用和交换为目的的数据集说明性数据，它主要包括对数据集、与数据集相关信息、数据集各数据项说明以及数据用户访问、检索、更新数据库的方法，同时元数据也包括基于不同数据领域，如何尽可能全面反映基本数据的其他信息。

元数据不仅起到数据描述的作用，而且起到管理数据的作用，尤其是在随着网络技术的发展和数字化资源的猛增情况下。因此，可以说，目前元数据已经从简单的描述或索引发展成为用于管理数据、发现数据、使用数据的一种重要的工具与手段(沈体雁和程承旗，1999)。在科学数据交换中心，元数据为各种形态的数字化信息单元和资源集合提供规范、普遍的描述方法和检索工具；元数据为分布的、由多种数字化资源有机构成的信息体系提供整合的工具与纽带。离开元数据的各种数据信息将是一盘散沙，将无法提供有效的检索和处理。

领域的扩展使元数据的功能也得到了极大的扩展。除传统的描述功能外，元数据在数据共享、资源发现以及知识管理方面的作用也得到了人们的重视。元数据是数据的抽象，这一抽象在一定程度上屏蔽了数据在格式以及其他实现方面的差异，为基于内涵的数据共享和互操作提供了基础。资源描述元数据在绝大多数情况下比资源本身小，并且是格式化的，这为组织海量的描述信息、据此发现并定位到信息资源的发现技术提供了可能性和基础。通过以预设的结构对资源内涵进行描述，元数据可通过结构化的可预期的结构组织信息资源所蕴含的知识，为知识管理和知识挖掘提供了可能性。

总而言之，元数据在科学数据交换中心中起到联结数据生产者、使用者和管理者的纽带作用。这主要体现在以下几个方面。

(1) 数据描述作用

数据生产者可以利用元数据对他们的数据集进行详细的说明，帮助用户了解数据的基本特征，从而决定他们是否使用该数据和能够有效地应用数据；同时，提供数据转换方面的信息，使用户在获取空间信息的同时便可以得到空间元数据信息。通过空间元数据，人们可以接受并理解空间信息，与自己的空间信息集成在一起，进行不同方面的科学分析和决策。

(2) 数据发现作用

帮助数据使用者查询所需空间信息。比如，它可以按照不同的地理区间、指定的语言以及具体的时间段来查找空间信息资源。这使得数据发现、检索和重复使用变得更加容易，用户能更好地通过因特网准确地识别、定位和访问数据集。

（3）数据管理作用

通过特定的元数据接口，可以便于对元数据和数据集实体进行统一管理。例如元数据与数据集的同步更新、异地访问，以及元数据安全、用户权限等设置。

（4）目录交换作用

科学数据共享领域中包含类型多样的各类资源内容，诸如农业、林业、交通、水利等多种专题信息，然而很少有单位可以提供所有方面的数据内容。通常由一个部门产生的数据可能对其他部门也有用。通过数据目录、数据交换中心等提供的元数据内容，用户便可以很容易地发现它们，并共享数据集、维护数据结果、以及对它们进行优化等。

（5）资源整合作用

数据资源整合就是通过元数据来标准化、结构化分布式的数据资源，形成一个通过目录交换体系可以发现和获取的虚拟数据资源整体。这个过程"把无序信息变成有序的"，使用户可以透明地了解数据，即，不需要深入到各个物理数据存储单元，就可以通过门户目录系统发现和使用这些数据资源。

（6）权益维护作用

元数据可以确保一个机构对数据的投资。数据集建立后，随着机构中人员的变换以及时间的推移，后期接替该工作的人员会对先前的数据了解甚少或一无所知，对先前数据的可靠性产生置疑。而通过元数据内容，则可以充分地描述数据集的详细情况。甚至，当用户使用数据引起矛盾时，数据提供单位也可以利用元数据维护其利益。

正如《国家空间信息基础设施发展规划研究》一文中所说的，"元数据是打开对多源数据资料进行获取、智能分析以及运算大门的钥匙"。

4.2 地球系统科学数据元数据标准

4.2.1 元数据标准的研究现状

元数据是数据资源有效应用的必要前提，换句话说，元数据是可以使数据生产者和用户在处理数据交换、共享和管理等诸多问题时的共同语言。制定和编制元数据所必须遵循的规则，可以理解为元数据标准。国际标准化组织就元数据的规范与标准化制定过相关的规则，各行各业也可以根据自己的业务需要制定相关的元数据标准。

元数据标准的研究在国际、国内都有很大进展。以下简要介绍国内外有特色的元数据标准，并对其特点进行扼要分析。

4.2.1.1 国外元数据研究现状

（1）都柏林核心元数据（Dublin Core，DC）

DC 元数据标准最初的目的是为了网络资源的著录与发现。由于 DC 元素简单易用，加之 OCLC(Online Computer Library Center)的大力推广，它已发展成为一种可用于描述任何信息资源("任何具有标识的东西")的元数据标准。

根据 DC1.1 版本，DC 由 15 个元素组成，每个元素后面还可以加限定词(Qualifier)。依据其所描述内容的类别和范围，这 15 个元素可分为三组，见表 4.1：

表 4.1　DC 元素分组表

资源内容描述类元素	知识产权描述类元素	外部属性描述类元素
题名(Title)	创建者(Creator)	日期(Date)
主题(Subject)	出版者(Publisher)	类型(Type)
描述(Description)	其他贡献者(Contributor)	格式(Format)
来源(Source)	权限(Rights)	标识(Identifier)
语言(Language)		
关联(Relation)		
覆盖范围(Coverage)		

DC 的最大优势就是它的简单、易用，并且较早地被国际组织 W3C 认可，成为 RFC2413 和 RFC2731，所以很受各类数据交换中心欢迎，尤其是在站点级元数据的应用中。但是它对资源级元数据描述仍不够，应用时往往需要扩展。

(2) 数字地理空间元数据内容标准(CSDGM)

CSDGM(Content Standard for Digital Geospatial Metadata)是由美国联邦数据委员会 FGDC 下设的元数据工作组制定的。其目的是为数字化地理空间数据的归档提供一套术语和定义的通用集合，包括需要的数据元素、复合元素(一组数据元素)以及它们的定义、域值、可选性、可重复性等等。FGDC 于 1997 年完成了第二版 CSDGM，而且 ISO/TC211 利用该标准作为基础，制定了相应的国际标准 ISO19115。

CSDGM 是按照元素区(section)、复合元素(compound element)、数据元素(data element)来组织的，包括七个主要元素区和三个辅助元素区，共有 460 个元数据实体(含复合元素)和元素，见表 4.2。FGDC 规定了三种性质的元素区、复合元素和元素。这三种性质是：必需的、一定条件下必需的以及可选的。FGDC 元数据标准没有规定语法格式或编码规则，因此同 DC 一样，只是一个内容标准。

表 4.2　FGDC/CSDGM 元素区

主要元素区	辅助元素区
标识信息(Identification Information)	引用信息(Citation Information)
数据质量信息(Data Quality Information)	时间段信息(Time Period Information)
空间数据组织信息(Spatial Data Organization Information)	联系信息(Contact Information)
空间参照信息(Spatial Reference Information)	
实体和属性信息(Entity and Attribute Information)	
分发信息(Distribution Information)	
元数据参考信息(Metadata Reference Information)	

　　FGDC 中一个典型的资源级元数据,它对地理空间资源的描述和管理信息做了详尽描述,并且也允许在该标准基础上扩展。例如国际上扩展的生态元数据标准、遥感应用元数据标准等。FGDC 元数据标准没有规定语法格式或编码规则,因此同 DC 一样,只是一个内容标准。

　　(3) ISO 19115 标准

　　"国际标准 ISO 19115"由国际标准化组织技术委员会 ISO/TC 211,地理信息/地球数学(Geographic information/Geomatics)提供。其目标是提供一种描述数字地理数据的结构,目标用户包括信息系统分析师、程序规划师、地理信息系统开发人员以及其他需要理解地理信息标准化的基本原则和总体要求的相关人员。该标准定义了地理信息元数据元素,提供了一个元数据方案(Schema),并建立了一套公共的元数据术语、定义和扩展程序。

　　ISO 19115 在很大程度上是以 CSDGM 的结构和元素为基础。例如,它在结构上也是以 section、compound element、element 为基本构建单位,分别形成 UML 模型中的 Package、Entity 和 Attribute;在扩展机制上,也规定了与 CSDGM 类似的元数据扩展规则。但是 ISO 19115 完全是以另一种形式来展现标准中的实体、元素及其定义,以及各个实体之间的关系的。

　　它完全采用了 UML 的模型元素来描述和抽象地理信息,类图是其使用的主要建模元素。一个类图代表数据集中的一个实体,一个包代表数据集中相关实体的集合。每一个类图都对应一个数据字典,数据字典中记录的相关实体、元素的详尽信息,包括定义、可选性、唯一性、数据类型和域等信息。在 ISO 19115 中,整个标准分为十四个包,每个包对应着一个实体,如表 4.3 所示。

表 4.3　ISO 19115 包-实体对照表

包(Package)	实体(Entity)
元数据实体集信息(Metadata entity set information)	MD_Metadata
标识信息(Identification information)	MD_Identification
限制信息(Constraint information)	MD_Constraints
数据质量信息(Data quality information)	DQ_DataQuality
维护信息(Maintenance information)	MD_MaintenanceInformation
空间表达信息(Spatial Representation Information)	MD_Spatial Representation
参考系统信息(Reference System Information)	MD_ReferenceSystem
内容信息(Content Information)	MD_Content Information
图示目录信息(Portrayal Catalogue Information)	MD_Portraya Catalogue Reference
分布信息(Distribution Information)	MD_Distribution
元数据扩展信息(Metadata Extension Information)	MD_Metadata Extension Information
应用模式信息(Application Schema Information)	MD_Application Schema Information
扩展信息(Extent Information)	EX_Extent
引用和负责方信息(Citation and Responsible Party Information)	CI_Citation CI_Responsible Party

TC/211 19115 标准是针对地理信息的元数据标准，它与 FGDC 有很大的相似之处，但值得肯定的是，它的扩展性更强，并且定义了各种编码规范、扩展规范和扩展程序。

4.2.1.2 国内元数据研究现状

(1)《地理信息 元数据》标准

国际标准化组织经过近 10 年努力，于 2003 年 5 月正式发布了国际标准《地理信息 元数据》(ISO 19115：2003)。我国从 2000 年开始立项研制国家标准《地理信息 元数据》，经过几次调整标准编制思想和策略，最终决定"修改"采用相应地理信息国家标准 ISO 19115。该标准涉及地理信息元数据国家标准的定位，元数据的内容、结构与分级，元数据的扩展等。

（2）中国可持续发展信息元数据标准草案

中国可持续发展信息元数据标准是依据 ISO19115 地理信息元数据(Geographic Information Metadata)制订的专用标准，由国家基础地理信息中心起草。该标准规定了中国可持续发展信息元数据的内容，包括数据的标识、内容、质量、状况及其他有关特征，总体有 119 个具体数据项。

与其相应的中国可持续发展信息元数据字典描述了其元数据的特征。字典分为若干子集：元数据实体集、标识、数据质量、参照系、内容、分发、范围、引用、负责单位等。

（3）科学数据库元数据标准(SDBCM)

中国科学院科学数据库核心元数据标准(SDBCM)建立了一套用以描述数据集的元素集合，其目标是为科学数据库数据资源提供一套通用的描述元素及规范，为科学数据库数据资源的检索、整合、交换、共享和利用提供支持。同时，它还是一个可扩展的开放式标准，用户可以基于此标准开发特定学科或领域的元数据扩展标准，以满足特定学科或领域的特定需求。其参考标准包括都柏林核心元数据标准 1.1 版(Dublin Core Metadata Element Set，Version 1.1)、RSLP 数据集合描述标准(RSLP Collection Description)、数字地理空间元数据内容标准(Content Standard for Digital Geospatial Metadata)。

（4）其他相关元数据标准

目前国内关于相关行业元数据标准还有很多，如农业信息、林业信息、基础地理信息、中国生态系统研究网络(CERN)、生物多样性等元数据标准。比较分析认为它们多数基本构架都是基于 ISO 或 FGDC 的元数据标准，并且相对比较关注地理信息。

国内元数据的情况可以通过表 4.4 反映。

表 4.4 国内主要元数据概况列表

标准制定单位	标准名称(内容)	概况
国家基础地理信息中心	国家基础地理信息系统(NFGIS)元数据标准草案	主要子集：基本信息、数据质量信息，数据志信息，空间数据表示信息，参照系统信息，要素分类信息，发行信息，元数据参考信息；次要子集：引用信息，负责单位，地址，平面、垂直或时间范围，在线资源

标准制定单位	标准名称(内容)	概况
中国可持续发展信息共享系统示范研究	中国可持续发展信息元数据标准	八个子集：基本信息，数据质量信息，数据志信息，空间数据表示信息，参照系统信息，要素分类信息，发行信息，元数据参考信息；三个次要子集：引用信息，时间信息，联系信息
世界数据中心中国中心	WDCD 元数据标准	没有划分子集。必选元素 22 个，可选元素 4 个。
国家基础地理信息中心	地理信息元数据国家标准	元数据子集包括标识信息、限制信息、数据质量信息、维护信息、空间表示信息、参照系信息、内容信息、图示表达类目参照信息、分发信息、元数据扩展信息、应用模式信息，元数据数据类型包括覆盖范围信息、引用和负责单位信息
中国林业科学研究院资源信息所	林业信息元数据标准	标识信息、数据质量信息、空间数据表示信息、空间参考信息、数据集内容描述、发行信息、元数据参考信息、引用信息、时间信息和联系信息
国家气象中心气象资料中心	中国气象数据集元数据格式标准草案	参照 WMO 核心元数据标准，该标准草案由 71 个元数据元素组成，包括 19 个必选项(M)，19 个一定条件下必选项(C)和 33 个可选项(O)
中国农业科学研究院	农村科技数据共享平台元数据规范 V1.0	由 126 个数据元素组成，其中 70 个必选项，53 个条件可选，三个可选
科学数据库应用系统	科学数据库元数据标准 V2.0	包括科学数据库核心元数据标准、数据集元数据标准和服务元数据标准。其中核心元数据包括七个模块，分别为数据集描述信息、数据集分发信息、元数据参考信息、服务描述信息、结构描述信息、范围信息和联系信息

可以看出国内外都非常关注元数据标准的可扩展性和互操作性，以提高元数据的生命力。并且，先进的计算机技术正在逐渐被更多地应用在标准的制定和实践中。

纵观这些元数据标准，大多数都参考了 FGDC 和 ISO/TC 211 的元数据标准，或者之间互相引用、参考。因此，从大的方向上来看，基本内容框架是一致的。但是，也存在有些实体和元素之间内容互相重叠，或者有些实体和元素的设置完全不相同的情况。

4.2.2 元数据标准的结构分析

（1）地学元数据内容结构

内容结构(Content Structure)是对元数据的构成元素及其定义标准进行描述。地学元数据内容结构由七个主要模块和三个辅助模块组成。

采用 UML 静态结构类图来表达地学元数据标准各个类的逻辑结构和关系，如图 4.1 所示。其中 MD＿元数据是由 MD＿标识信息、MD＿质量信息、MD＿参考信息、MD＿

内容信息、MD＿参照系统、MD＿空间表示、MD＿分发信息聚合而成的，而且这种关系是一种单向聚合关联。图中的数字表示多重性，如 MD＿元数据和 MD＿标识信息之间是1…＊，表示元数据类有一个或者多个标识信息类。其中辅助模块包括引用信息、时间信息和联系信息。

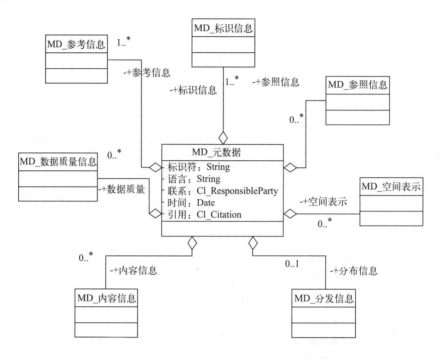

图 4.1　地学元数据标准 UML 图解

（2）地学元数据语义结构

语义结构（Semantic Structure）是定义元数据元素的具体语义描述方法，尤其是定义描述时所采用的公用标准、最佳实践（Best Practices）或自定义的语义描述要求（Instructions）。语义结构主要涉及两方面的内容：语义定义规则和语义定义方法。

语义定义规则

各元数据项应最大可能采用标准框架推荐的元数据项并在语义上保持严格一致；

对推荐的元素不能描述的特性可以增加元素但新增元素不能与已有元素有任何语义上的重复；

为了更准确地描述对象，允许向下再设若干层数据元素（子元素），数据元素间的语义是不重叠的，合起来不能超过复合元素定义的内涵；

数据元素不可再分。

元数据元素项定义方法（即元素哪些方面的属性应该被定义）大体上采用 DC 一致的方法，即采用 ISO/IEC 11179－3 标准，按以下九个属性对元素进行定义。

中文名称（Chinese Name）：元素中文名称；

英文名称（English Name）：元素英文名称；

标识(Identifier)：元素唯一标识；

定义(Definition)：对元素概念与内涵的说明；

可选性(Obligation)：说明元素是必须使用的还是可选的；

数据类型(Data Type)：元素值的数据类型；

最大出现次数(Maximum Occurrence)：元素可重复使用的最大次数；

值域(Value Domain)：元素的取值范围；

注释(Comment)：对元素的补充说明、著录格式的建议及其他。

(3) 地学元数据语法结构

地学元数据的语法结构(Syntax Structure)负责定义元数据结构以及如何描述这种结构，即元数据在计算机应用系统中的表示方法和相应的描述规则。迄今为止，多数行业元数据都是元数据内容标准，如 FGDC 和 DC 等，这些标准的编码方式有多种多样，可以由开发者根据自己的需要自行选择。

推荐的标准语法结构形式：

采用 XML 语言及其相关语法结构作为元数据描述的元语言并作为相关应用系统必备的对外数据接口；

RDF 作为一个资源描述的标准框架，能方便地容纳各类元数据标准，建立一种复合的面向异构系统的数据交换格式。

元数据的 XML 格式语法定义方法采用 XML Schema。

4.2.3　元数据标准的研究方法

由于标准的研究时间比较短，标准开发方法没有得到充分地讨论，目前还没有一套完整的方法可供借鉴。相应的，流程控制模型的探讨也不充分。肖珑等所著《中文元数据标准框架及其应用》提出了一套比较详细的开发框架，包括了流程控制和相应的文档控制模型，实用性强(该框架已经被应用并开发出包括古籍元数据标准和拓片元数据标准在内的一些产品)。该流程控制模型见图 4.2。

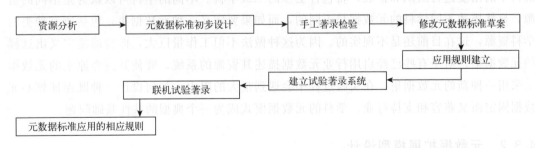

图 4.2　中文元数据标准框架(肖珑等，2001)

张晓林博士在其文章《元数据开发应用的标准化框架》中也提出了一个流程控制模型，见图 4.3。相对肖珑等提出的模型，该流程模型缺少文档控制机制，粒度也稍显粗糙，其实用性稍逊前者(张晓林，2001)。

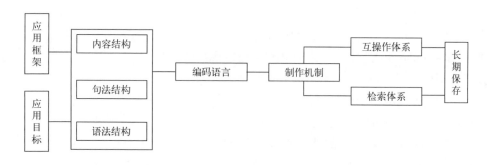

图 4.3　元数据标准框架示意(张晓林，2001)

　　总体而言，以上两种元数据标准的研究方法都是侧重于文献类数据，有一定的应用局限性。但从元数据标准框架的角度，对于研究地学元数据扩展体系而言，具有借鉴意见。

4.3　地球系统科学数据元数据扩展模型

4.3.1　元数据扩展框架分析

　　科学数据交换中心从总体上可以划归为两种类型，即数据资源类型相对统一的行业(部门)数据中心和数据资源类型相对广泛的数据共享网。前者的元数据标准遵从行业(部门)的相关规范或相应的国际标准，如中国极地数据中心采用"数据目录交换格式"国际元数据标准(DIF，Directory Interchange Format)，图书文献数据多遵从"都柏林核心"元数据标准(DC)等。但对于数据共享网而言，则必须考虑到交叉学科和领域的元数据标准不尽相同，相互重叠，不能用一个固定的全集元数据标准包容所有学科。

　　就地学数据交换中心而言，更是存在着多学科交叉和并存的问题。具体说来，在国家标准《学科分类与代码》(GB/T 13745-92)中地球科学包含 12 个二级学科，如果从地球系统科学的角度进行组织和扩展，将包含更多的二级学科。不同的学科可以认为是不同的资源，显然描述不同学科的元数据是不同的，而如果要定义一种元数据集，包括所有种类的学科资源，这在目前还是不现实的。因为这种做法不但工作量巨大，而且即使定义出这样的元数据集，对于有些已经启用行业元数据描述其资源的系统，要使其放弃原来的元数据集采用一种新的元数据集，在实施过程中会遇到很大的阻力。如何设计一种既保证核心元数据固定而又兼容和支持行业、学科的元数据模式成为一个典型的共性基础问题。

4.3.2　元数据扩展模型设计

　　地学元数据的构架首先要从元数据的作用上分解为两个层次。第一层是目录信息，主要用于对数据集信息进行宏观描述，它适合在国家级空间信息交换中心或区域以及全球范围内管理和查询元数据信息时使用。第二层是详细信息，用来详细或全面描述元数据内容，是数据集生产者在提供数据集时必须要提供的信息。

　　第一层次的元数据项目适用于数据集编目，只需要元数据全部应用范围内的最少元数据集。比如只用于回答：“特定专题的数据集是否存在（‘什么’）？”、“是否覆盖特定的地区（‘何地’）？”、“数据集特定的日期或时段（‘何时’）？”以及“了解更多情况或订购数据集的联系方法（‘谁’）？”等基本问题。这些元数据项被称之为核心元数据。相应地，第二层次的详细描述信息则被称为全集元数据。

地学数据共享中应用到的任何一个实际的元数据方案都是基于以上两个层次产生的专用元数据。扩展的专用元数据方案包含核心元数据元素，并可根据需要选择全集元数据中的其他元素，必要时还可以按规则扩展基础标准中没有的元数据元素。参考 ISO/TC 211 的扩展规范，地学元数据通过核心元数据、全集元数据和专用标准之间的关系，建立的元数据扩展模式如图 4.4 所示。

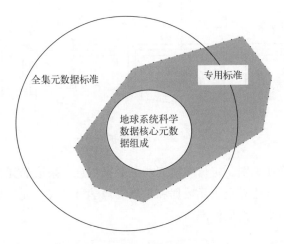

图 4.4　元数据的扩展模式

参考该元数据扩展的模式，本节提出地学元数据扩展模型和思路。具体考虑到现有地学学科的多样性及元数据标准的广泛性，地学元数据的组织框架可以设计为三个大的层面。如图 4.5 所示，第一层：地学核心元数据（含顶层核心元数据）；第二层：模式核心元数据（如地理学核心元数据）。按照地学的不同学科属性，建立相应的学科核心元数据。这是在第一层次基础上的扩展；第三层：应用领域的专用元数据标准（如遥感影像数据的元数据），这是在第一、二层次基础上的扩展。

需要强调的是，模式（Schema）在这里定义为一组元数据字段的集合，不同领域数据集元数据结构的变化可以通过在相应的模式之上施加操作而完成。在多种标准共存的情况下，当试图扩展和修改某一个模式时（如地理学模式的元数据结构），仅仅去更改这个模式就可以了，而不会影响到其他的元数据模式。模式也可以理解为地学领域某个学科主题下的核心元数据，应用领域专用元数据标准基于它所属的学科模式进行扩展。一个专用标准只能唯一从属于一种学科模式，而该学科模式可以扩展出多个专用应用标准。

进一步分析，一个学科的元数据标准对应于一种模式，而同一种模式（Schema）可以为几个不同的学科（Class）所公用，模式和学科的关系如图 4.6 所示。这种机制可以有效地实现不同学科元数据的兼容，并最大限度地保障通用元数据标准的公共性和扩展性，进而可以利用元数据来组织和管理地学信息，并挖掘空间信息资源，通过元数据的导航功能在

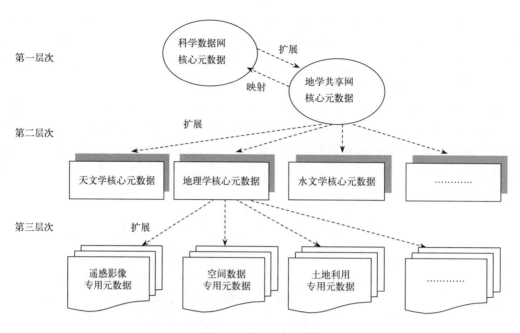

图 4.5　地学元数据扩展方法

广域网或因特网上准确地识别、定位和访问相关数据信息。采取的元数据建设策略为首先建立地学核心元数据，再建立全集元数据和扩展其他学科模式的元数据，最终成为一个统一、完善的地球系统科学元数据标准体系。

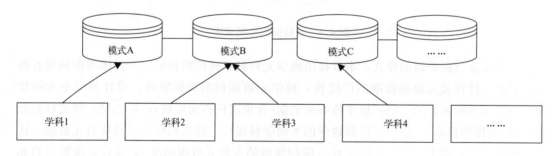

图 4.6　元数据的学科与模式对应关系

不同模式之间的语义冲突问题通过 XML 语言的命名空间（Name Space）技术解决，将在下文的扩展技术研究中进一步论述。

4.3.3　元数据扩展的原则与方法

地学元数据扩展的目的是构建地学数据交换中心的元数据框架体系。由于地学数据涉及的专业领域十分广泛、应用任务也多种多样。框架要赋予用户较大的选择余地和一定的扩展范围，以满足各个科学研究领域的特殊需要；要具有较好的可伸缩性，适用于不同科研领域、不同目的、不同深度的应用环境。因此，必须建立有效的扩展和裁剪方法。

结合共享平台的实际应用，元数据的扩展和裁剪应遵循以下基本原则：

- 用户需求原则
- 简单性与准确性原则
- 专指度与通用性原则
- 互操作性与易转换性原则
- 兼容性原则
- 可扩展性原则
- 相对稳定原则

（1）元数据应用方案的扩展规则

所创建的元数据应用方案中应该包括核心元数据中的最小元素集，即包括所有必选模块中的所有必选元素；

在确定拟新增模块/元素与地学元数据标准中的模块/元素确实不存在语义重复之后，可以定义新的模块/元素。新增元素不可用于替换地学元数据标准中现有元素的名称、定义或数据类型；

应将扩展元素合理地组织到地学元数据所规定的"模块－复合元素－数据元素"这一结构中去；允许新定义的复合元素包含新增元素和已有元素；

允许对已有模块/元素施以更严格的可选性限制，即可以在应用方案中将核心标准中的某一可选模块/元素设定为必选元素。注意，模块/元素在应用方案中的可选性不能比其在核心标准中更宽松；

允许将已有元素的值域由"自由文本"替换为一个合适的值代码表，以限制该元素的值域；

允许缩小已有元素的值域。例如，在核心元数据中某个已有元素的值域为整数，那么应用方案中可以规定该元素的值域为某个范围内的整数；

允许对已有代码表进行扩充；

允许根据需要削减掉某些可选元素；

不允许对核心元数据进行上述原则所没有允许的扩展。

（2）元数据应用方案的扩展方法

相应的元数据应用方案创建的基本方法包括：

——添加新的元数据"模块"；

——添加新的元数据"复合元素"；

——添加新的元数据"数据元素"；

——创建新的代码列表取代值域为"自由文本"的现有值域；

——创建新的代码表元素，对代码表进行扩充；

——缩小现有元素的值域；

——限制元素的可选性；

——裁剪当前的标准结构和元素。

允许扩展的类型包括：

——增加新元数据子集；

——建立新的元数据代码表，代替域值为"自由文本"的现有元数据元素域；

——创建新元数据代码表元素（扩展代码表）；

——增加新元数据元素；

——增加新元数据实体；

——对现有元数据元素施加更严格的约束条件；

——对现有元数据元素施加更多限制的域。

4.3.4 元数据扩展模式实现

元数据所涉及的学科分支越细，要求的元数据元素也越多；而元数据所涉及的学科范围越广泛，则元数据标准越具普遍性，所要求的元数据元素就越少。因此通常把元数据分为三个层次结构，即元数据子集、元数据实体和元数据元素。

元数据元素是元数据的最基本单元，元数据实体是同类元数据元素的集合，元数据子集是相互关联的元数据实体或元素的集合。在同一个子集中实体可以有两类，即简单实体和复合实体，简单实体只包含元素，复合实体既包含简单实体又包含元素，同时复合实体与简单实体及构成这两种实体的元素之间具有继承关系。

根据多学科元数据扩展的基本方法和理论，本节建立元数据扩展的抽象模型，如图4.7所示。在此我们把元数据子集称为元数据组（group），一个元数据组可以通过四种方式进行扩展：

重用：通过对元数据组的域值或者其他特征值的限定而对元数据组及条目的重用；

扩展：按照扩展原则增加该元数据组的条目；

增加：根据扩展原则再增加一个元数据组；

删除：指没有被用到的元数据组，即被删除了。

其中，元数据条目不能再分。

根据地学元数据扩展的方法和基本原则，定义和描述的地学元数据的多学科扩展表达如图4.8所示。这里只列举出地学地理学元数据的扩展模式的表达。该图从内容上细化了图4.5显示的地学元数据扩展层次框架。

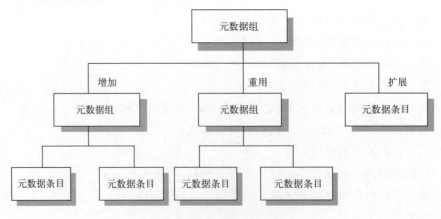

图4.7 元数据扩展的抽象模型

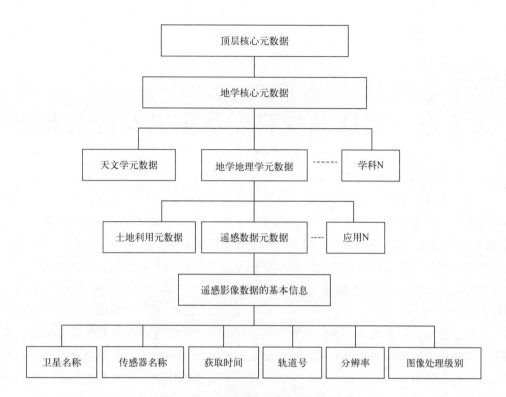

图 4.8　地学元数据的多学科扩展表达

第5章　地球系统科学数据共享分类标准

地球系统科学数据共享是协调有关地球系统科学各类国家科技计划、集成不同尺度的多源数据、促进地球系统科学集成研究的重要途径。数据分类是数据管理中必不可少的环节(廖顺宝和蒋林，2005)，国内外相关的地球系统科学数据共享机构都建有自己的分类体系。然而，这些分类体系各自独立、应用目标差异很大，缺乏一个既能适应地球系统科学用户实际需求，又能够兼顾地球系统科学数据特点的，具有较强指导意见的数据分类体系。

本章拟在对国际上地球系统科学数据共享相关分类体系进行调研分析的基础上，借鉴国际上该领域的大型数据共享机构的数据分类思想，基于国家科技基础条件平台——地球系统科学数据共享平台的服务实践，探讨建立既具有我国特色、同时又能满足该平台用户需求和数据集成要求的地球系统科学数据分类体系(王卷乐等，2014)。

5.1　国际地球系统科学数据分类体系

5.1.1　国际地球系统科学数据分类体系概况

联合国粮农组织(FAO)针对地球空间数据共享，建立了 GeoNetwork 共享网络(http://www.fao.org/geonetwork)，该网络的数据分类体系包括行政边界、农业牲畜、应用生态、基础底图、生物和生态资源、气候、渔业水产、森林、人类健康、大气和水资源、基础设施、土地利用和变化、人口和社会经济指标、土壤、地形等。美国国家海洋大气局(NOAA)建立的地球物理数据中心(NGDC，http://www.ngdc.noaa.gov)，建立了包括灾害、海洋、卫星、冰雪、日地空间等领域的一级和二级分类体系。美国地质调查局(USGS)建立了地球科学数据目录(http://geo-nsdi.er.usgs.gov)，该目录的主要内容包括大气圈和气候、地质过程、地球特征、自然灾害、地球科学、自然资源、环境问题、海洋和海岸带等。美国国家宇航局(NASA)建立了地球观测资源数据目录(http://earth-observatory.nasa.gov)，该分类以地球圈层结构为主线建立了包括大气、热量、土地、生命、水、冰雪、人文过程、遥感、生物等的分类系统。美国国家官方一站式地球空间数据网站(Geospatial One-Stop，https://catalog.data.gov/dataset)没有对地球科学数据进行具体的分类，而是按照数据集类型、标签、格式、分组、组织机构等进行检索，生成基于数据视图的展示分类。国际科学联盟理事会(ICSU)世界数据系统(WDS，World Data

System)创建了国际地球科学领域的数据共享门户(http：//www.icsu－wds.org/serv-ices/data－portal)，只提供数据检索界面，无明确的数据分类体系，其检索方式直接针对数据的存储和管理机构，例如，NOAA 的 NGDC、NCDC、NODC，德国的 PANGAEA，中国的 GEODATA 等。德国布莱梅大学的 PANGAEA(Data Publisher for Earth & Envi-ronmental Science，http：//www.pangaea.de)集成地球系统科学海洋领域相关的共享资源，其共享门户未建立直接的数据目录，仅提供按领域检索的入口，相应的领域包括水、沉积物、冰、大气。美国国家科学基金会资助的 DataONE(http：//www.dataone.org/)网站按照关键词、时间、空间范围、不同数据库搜索数据，没有进行地球科学数据的具体分类。美国哥伦比亚大学的地球科学信息国际共享网络(CIESIN，http：//sedac.ciesin.columbia.edu/data/sets/browse)以数据检索为目标，设计的主题分类包括农业、气候、自然保护、政府管理、灾害、健康、基础设施、土地利用、海洋和海岸带、人口、穷困、遥感、可持续发展、城镇、水等。欧盟推出的地球科学空间信息基础设施平台(INSPIRE，http：//inspire－geoportal.ec.europa.eu/discovery/)提供根据数据来源、元数据语言、空间数据、专题分类、服务类型等 5 个大类的搜索功能，其总体上注重数据检索实效，未建立非常完整和系统的数据分类体系。

基于以上调研和分析，认为这些分类体系呈现出分类扁平化和两极化的特征。扁平化是指一些数据共享机构在尽量减少数据分类层次，避免用户一层一层"剥洋葱"似地访问数据。两极化是指一部分数据共享机构期望建立全面、系统的分类目录，例如 NO-AA 和 NASA 的一些机构，而一些数据中心则期望建立简约的、适合本数据中心的小型数据目录，例如德国的 PANGAEA 和 DataONE 等领域数据中心。从数据分类目录建立的趋势上看，以圈层结构为主线进行构建仍然是主流，例如美国 NASA 和 USGS 等的数据体系。

5.1.2　美国 NASA 全球变化主目录分类进展

除了一些直接共享数据的机构，美国 NASA 建立的全球变化数据主目录(GCMD)则是通过建立在线的地球科学数据目录为用户提供数据导航。GCMD 的主要目的是为全球变化数据信息系统的用户提供关于全球变化数据和信息的详细信息，以便让用户能够快速地选定所需的有用信息。

GCMD 在线目录如图 5.1 所示。其在 2002 年就有超过 10 634 条的地球科学描述信息，非常便于地球科学数据的搜索。数据目录提供方便的导航功能，避免参加机构重复性地建立许多孤立的数据目录。

GCMD 依据数据涉及的学科领域和数据获取方式将数据划分为三级。其中第一级展示了其主要的数据分类思路，即以地球系统大气圈、生物圈、水圈、冰冻圈、岩石圈的圈层结构为主线，辅以用户需求较大的农业、生物、人文因子、陆地表层等领域划分，形成数据分类体系。表 5.1 列出的是 GCMD 在 2005 年的数据目录结构。

图 5.1　美国全球变化主目录(GCMD)分类系统首页

表 5.1　美国 GCMD 数据类型 2005 年统计表

序号	一级类型名称(英文)	一级类型名称(中文)	一级类数据	二级类数据	三级类数据
1	Agriculture	农业	1851	11	100
2	Atmosphere	大气圈	7434	13	153
3	Biological Classification	生物分类	3961	7	57
4	Biosphere	生物圈	6827	12	168
5	Climate Indicators	气候指示因子	334	4	21
6	Cryosphere	冰冻圈	2660	4	66
7	Human Dimensions	人文因子	3652	13	88
8	Terrestrial Hydrosphere	陆地水圈	3296	5	93
9	Land Surface	陆地表层	4876	9	98
10	Oceans	海洋	6221	18	210
11	Paleoclimate	古气候	1419	4	42
12	Solid Earth	固体地球	2599	8	49
13	Spectral/Engineering	光谱/工程	2351	11	50
14	Sun—Earth Interactions	日地相互作用	339	2	32
	小计		30262	125	1195

　　2005 年到 2013 年 5 月底，GCMD 的数据分类系统在不断更新，其相应的数据库也在动态演替。通过实际对比(图 5.2)，一级类型数据库从 2005 年的 30 262 个增加到 47 820 个，增长量达 17 558，增长率为 58%。几乎所有的领域都有明显增长，其中增幅快的主要是大气圈(47.7%)、冰冻圈(100%)、陆地水圈(50%)、海洋(57.3%)、古气候(103%)固

体地球(50.2%)等。

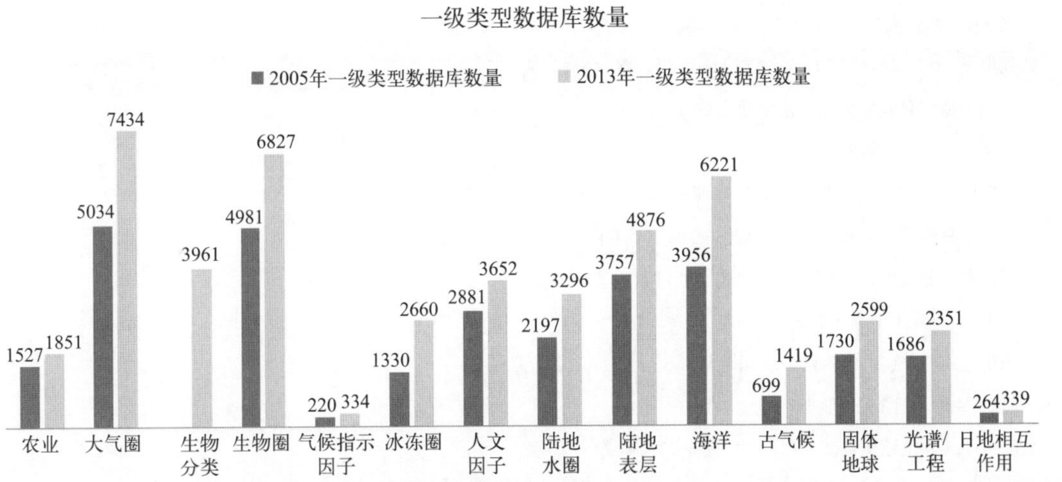

一级类型数据库数量

图 5.2　美国 GCMD 一级数据库类型 2005—2013 年变化

GCMD 的数据目录变化给我们的启示有两点，一是该分类体系完整，基本能够适应地球系统科学多样化数据集成的需要；二是该分类体系稳定性较好，2005－2013 年的发展过程中，数据库容量在不断增大，但数据目录体系仍然保持较好的连续性。

5.2　地球系统科学数据共享的用户服务特征

地球系统科学数据共享平台于 2002 年作为国家科学数据共享工程首批试点之一启动(徐冠华，2003)，其主要目标是整合、集成科研院所、高等院校和科学家个人通过科研活动所产生的研究型分散科学数据，服务于地球系统科学与全球变化等科学研究(孙九林和施惠中，2002；孙九林和王卷乐，2009)。2005 年该平台纳入国家科技基础条件平台建设，2011 年通过国家评议正式成为首批进入运行服务阶段的国家平台(科技部，2011)。

国家地球系统科学数据共享平台在近 10 年的数据服务历程中，提供了大量的在线数据服务。据统计，截至 2013 年 5 月下载次数在 10 次以上的数据有 1312 条。其中，下载量在 50 次以上的数据有 525 条。表 5.2 列举了下载量排名前 20 的数据集目录。

表 5.2　下载次数位居前 20 位的数据集名称

数据集名称	下载次数
全国土地利用数据库(分省：1980 年代，1987—2001 年；分县：1980 年代)	21060
中国 1∶400 万全要素基础数据(1970—1990 年代)	11295
1∶400 万全要素基础数据(1970—1990 年代)	10257
全国 1 km 网格土地利用数据(1980 年代，1995 年，2000 年)	9177
全国 1∶10 万土地利用数据(1980 年代，1995 年，2000 年)	5216

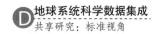

续表

数据集名称	下载次数
全国 1 km 网格人口数据(1995，2000 年，2003 年)	5184
陆地卫星 MSS/TM/ETM＋(1973—2008 年、覆盖全国)	4460
四川卢山地震科技救灾及灾后重建专题库	4233
青藏高原土壤研究数据	3935
黄土高原地区 500 m 分辨率资源与环境遥感系列图栅格数据集(1987—1990 年)	3523
全国多年平均降雨分布图(1 km)(建站到 1996 年)	2782
中国分省、分地区、分县区域发展社会经济数据库(1980、1985、1990—2006 年)	2651
全国 1∶100 万土地利用区划(1996 年)	2524
中国 1∶400 万资源环境数据(中国地形)	2478
中国 1∶400 万地貌图(形态)	2283
全国 1∶25 万土地覆被数据(1980 年代，2005 两期)	2282
全国公里网格 GDP 数据(1995 年，2000 年，2003 年)	2247
陆地卫星 MSS/TM/ETM＋(1973—2003 年、覆盖全国)	2187
全国人口统计数据(分省、市、县)	1849
全国土地资源数据库(分省：1980 年代，1987—2001 年)	1818

参照 GCMD 的导航分类做法，对国家地球系统科学数据共享平台的高频次下载数据集的检索词进行汇总分析如表 5.3 所示。

表 5.3　高频检索主题词列表

检索主题词	频次	检索主题词	频次
土地利用/覆盖	47895	地质	882
基础地理	41629	生物	803
土壤	18215	动物	747
社会经济	17303	雪	628
自然资源	16037	地震	555
遥感	12439	环境治理	540
植被	12109	古气候	533
人口	11138	沙漠	517
灾害	8183	冻土	495
气候	6379	地磁	455
降水	5850	湿润指数	444
生态系统	5054	海洋	428
水文	4045	气象	426
黄土高原	4041	干燥度	425
区划	3491	极地	400
环境	2481	辐射	386
冰川	2473	风	298

检索主题词	频次	检索主题词	频次
气温	2198	蒸发	276
湖泊	1776	天文	218
古环境	1473	气溶胶	144
青藏高原	1056	空间	123
湿地	1033	光谱	83
环境变迁	977		

由上表可见，土地利用/覆盖、基础地理、土壤、社会经济、自然资源、遥感、植被、人口、灾害、气候、降水、生态系统、水文、黄土高原、区划、环境、冰川、气温、湖泊、古环境等 45 个主题词具有非常高的访问频次。认识到这些用户使用的特征，将有助于我们建立适合该平台用户需求特点的数据分类体系。

5.3　地球系统科学数据分类原则

科学数据分类体系的每个类目都是一个特定主题，表达该主题对应学科知识的内涵和外延。本标准通过科学分类体系所列的类目，来容纳大量的科学数据集，从而成为管理数据集的工具。

（1）现实性原则

现实性原则是设置科学数据类目的客观原则。类目所代表的事物必须是客观存在的，同时还必须有一定数量的关于该事物的科学数据集。

（2）稳定性原则

类目的设置要考虑它在相当长一个时期内是稳定的。类目的稳定性是分类编码稳定的基础，特别是大类的稳定性尤为重要。保证类目的稳定性，就必须使用稳定的因素作为类目划分的标准，同时，提高类目的可延展性或兼容性，也是提高类目稳定性的措施之一。

（3）持续性原则

为保证分类编码标准的稳定性，设置类目时应以发展的眼光，有预见性地为某些有强大生命力的新事物编列必要的类目，或留出分类体系可持续发展的余地。这要求分类编码编制时，应充分参考各行业部门的科学数据，对一些新学科的发展趋势以及由此对科学数据产生的影响，作预测性研究。

（4）均衡性原则

这是指分类表中类目应均衡展开，使分类类目长度不致相差悬殊，以方便使用。其控制的办法是在大类、二级类及三级类的范围内，对某些类目采取突出列类法，以提高其级位而取得较短号码。此外，还采用类组的形式将某些学科或主题概念合并列类。这样就使分类表中类目的展开能防止某些局部过于概括或过于详细，使其比较均衡。

（5）揭示性原则

分类和编码应尽可能反映科学数据集的内容、对象和属性特点，以便于检索使用，为深入分析科学数据集的关联和影射关系提供便利。这要求分类编码编制时，在延用学科主题和数据对象主题等主分类的基础上，采用混合分类法，选择最能揭示科学数据集特征的辅助分类，标识数据集的多维剖面。

（6）规范性原则

所使用的语词或短语能确切表达类目的实际内容范围，内涵、外延清楚；类名采用科学、规范、通用的术语或译名；在表达相同的概念时，做到语词的一致性；在不影响类目涵义表达的情况下，保证用语的简洁；每个类目都要有专指的检索意义。此外，类目涵义以及与他类目的关系，必要时还需通过类目体系和类目注释加以说明或限定。

（7）系统性原则

分类体系从总到分的结构，是指类目的层层划分、层层隶属要有严密的秩序，每一次划分应有单一、明确的依据。类目的排列必须依据主题之间的内在联系，遵循概念逻辑和知识分类原理，遵循最大效用原则，将分类法中的全部类目系统地组织起来，形成具有隶属和并列关系的秩序井然的类目体系，以揭示出科学数据之间的联系和区别，为人们有系统地、方便地、有效地查询一个领域和专业范围的科学数据创造条件。

（8）明确性原则

同位类间应界限分明，非此即彼，这对分类标引和检索都是必要的。当类目名称不能明确各自的界限时，可用注释来加以明确。类目注释的编排位置要求，对一个类目进行注释时，放在所要注释的类目之下；对一组类目进行注释时，放在所要注释的那组类目之前，或者放在所要注释的那组类目中排在最前的那个类目之下。

（9）扩展性原则

延用科学数据集的每一剖面采用线分类法的过程中，由一个上位类划分出来的一组下位类的外延之和应等于上位类的外延，以保证类列的完整。当不可能全面列举或无须全面列举所有类目时，一般在类列的最后编制"其他"类，用以容纳尚未列举的内容。

5.4　地球系统科学数据共享目录与关键词表分类

5.4.1　分类模式

结合 GCMD 的分类思想与国家地球系统科学数据共享平台的用户服务特征，可以更有效地构建既满足用户需求又兼顾地球系统科学数据体系的分类模式。地球系统科学数据分类体系可采取两种模式，一为数据分类目录模式，二为便于数据检索的关键词表分类模式。

数据分类目录模式主要满足数据管理和门户展示的需要，为用户呈现完整的、可管理的数据目录体系。其要遵循以下几个基本原则：① 结合国际上当前的扁平化趋势，尽量减少数据分类层级；② 参照 GCMD 的圈层分类思想，总体体现地球系统科学的圈层结构特征；③ 根据国家地球系统科学数据共享平台用户服务的实际需求，适当提高陆地表层和人地关系等数据密集和用户需求强烈领域的分类等级。

数据关键词表分类主要是为便于平台内数据快速检索、导航而建立的规范的关键词分类词表。具体用途包括两个方面，一方面便于数据在集成过程中，数据生产者可根据这一分类词表在元数据和数据文档中规范化地著录关键词和主题词；另一方面又适合于建立机器可读的关键词表，便于用户检索时的快速导航和数据库关联分析。

5.4.2　目录分类

基于以上分析，初步建立的地球系统科学数据目录分类体系如表 5.4 所示。该分类目录包括 14 个一级类和 173 个二级类。二级类下不设三级类，可直接访问数据。一级分类中除了保留圈层结构的特点外，增加了典型区域、自然资源等中国特色的分类类型。其中典型区域所列的既是在世界和我国都极具重要地位的自然地理单元，同时也是国家地球系统科学数据共享平台的区域分中心（Wang，*et al.*，2013）。

表 5.4　地球系统科学数据目录分类

一级类	二级类
大气圈	温度、降水、气压、辐射、电离层、云、水汽、蒸发、风、二氧化碳、甲烷、臭氧、NO_2、温室气体、气溶胶、湿度/干燥度、大气污染、大气成分
陆地表层	基础地理、土地利用/覆盖、区划、地形、地貌、土壤、沙漠、湖泊、湿地、环境、污染
典型区域	青藏高原、黄土高原、寒区旱区、长江三角洲、黄河中下游、东北黑土区、新疆与中亚、南海及毗邻海区、湖泊—流域
生物圈	生物、植被、动物、细菌、生态系统
冰冻圈	冻土、冰川、冰、雪
陆地水圈	地表水、地下水、水循环、径流、水利、水文、水系、水环境、水化学
人文因素	人口、社会经济、区划、灾害、荒漠化、农业/农作物、酸雨、残留物、污染物、重金属、噪声、城市化、环境治理、水土保持、土壤侵蚀、森林砍伐与恢复、开垦/复垦、退耕还林（草）、河道变迁、土地退化、环境变迁
自然资源	自然资源、气候资源、动物资源、草地资源、森林资源、水资源、土地资源、农业资源、矿产资源、海洋资源、药物资源、旅游资源、能源资源、可再生资源
海洋极地	基础地理、海冰、潮汐、温度、盐度、CTD、叶绿素、浮游动物、浮游植物、细菌、微生物、海洋生物、海洋化学、海洋物理、海洋生态、海洋初级生产力、海洋水产、海洋沉积、海岸带、陨石、极光、海平面变化、海洋调查、极地考察、极地大气、极地地球物理、极地生物、极地环境、极地地理、极地地质、极地工程、极地冰川
固体地球	地震、地磁、地电、矿物、地质、岩石、重力、地球化学、地热、火山
古气候/古环境	古地理、古环境、古气候、古生物、古地磁、气候因子、气候变化、气候重建、物候、树轮、孢粉、湖泊沉积、碳同位素、稳定同位素
日地空间环境	卫星探测、电离层观测、太阳活动观测、太阳高能粒子通量、太阳高能粒子特性、灾害性空间天气事件、空间目标及空间碎片、空间环境效应、宇宙线、宇宙噪声
天文	望远镜观测、光学天文学、红外天文学、亚毫米波和毫米波天文学、射电天文学、紫外天文学、X—射线天文学、γ—射线天文学、天文探测
遥感数据	航片、卫星影像、雷达影像、景观照片、其他影像、地物波谱、地面验证信息

5.4.3　关键词表分类

地球系统科学数据关键词表分类如表 5.5 所示。该关键词表共包括 13 个一级类，71 个二级类，以及 697 个关键词。根据国家地球系统科学数据共享平台的用户服务实践，在关键词表中增加了陆地表层(典型区域)、生物圈(生态系统)、人文因素(经济资源)、自然资源等特色数据资源关键词表。

表 5.5　地球系统科学数据关键词表分类

一级类	二级类	关键词表
大气圈	大气温度	空气温度、大气稳定度、边界层温度、度日(户外每日平均温度单位)、除冰温度、露点温度、逆温层高度、最高/最低温度、潜温、表面温度、静温度、地面空气温度、温度距平、温度剖面、温度廓线、温度趋势、有效温度、实际温度
	降水	酸雨、云滴大小、冻雨、冰雹、水汽凝成物、液态水当量、降水量、降水距平、降水异常、降水强度、雨、冻雨、雨夹雪、雪
	大气压强	反气旋/气旋、大气压强测量、大气分压强、重力波、流体静压、振荡、行星边界层高、行星波/罗斯贝波、气压异常、气压趋势、气压厚度、海面气压、静压、地形波、表面压强
	大气辐射	吸收、气辉、反照率、各向异性、大气发射辐射、大气加热、发射率、热通量、太阳入射辐射、长波辐射、净辐射、光学深度/厚度、向外(出射)长波辐射、辐射通量、辐射强迫、反射系数、散射、短波辐射、太阳光、太阳辐射、透射比、紫外线辐射
	大气电学	大气传导率、电场、闪电、总电容
	云	云微物理、云特性、云辐射传输、云型
	大气水汽	凝结、凝华、露点、蒸发、蒸散、土壤水分蒸发蒸腾损失总量、湿度、可降水分、升华、水汽、水汽剖面、水汽廓线、水汽趋势
	大气风	边界层风、传送、对流、辐合/辐散、飞行层风、流函数、地面风、湍流、上层风、垂直风运动、旋涡、风寒、风廓线、风切变、风压力、风倾向
	大气现象	气旋、干旱、雾、结冰、霜、飓风、闪电、季风、暴风雨、龙卷风、台风
	大气化学(成分)	CO_2、CH_4、氧化物、氮化合物、硫化物、氢化物、卤烃和卤族、微量元素/微量金属、光化学、示踪气体/示踪核素
	大气质量	一氧化碳、铅、氧化氮、微粒、烟雾、氧化硫、对流层臭氧、混浊度、能见度、挥发性有机化合物
	气溶胶	气溶胶后向散射、气溶胶消光、气溶胶光学深度/厚度、气溶胶颗粒特性、气溶胶辐射率、含碳气溶胶、云凝结核、灰尘/灰/烟、硝酸盐颗粒、有机物颗粒、颗粒物质、硫酸盐颗粒
	高度	气压高度、位势高度、中间层顶、行星边界层高度、台站高度、平流层顶、对流层顶

一级类	二级类	关键词表
陆地表层	区划	行政界线、自然区划、农业区划、土壤区划、生态区划、主体功能区划、灾害区划、自然保护区、流域分区、生态地理分区
	地形地貌	等高线、DEM、坡度、坡向、坡位、坡长、山体阴影、地貌
	水文/水循环	温度、降水、蒸发、水位、流速、径流
	土壤	土壤类型、土壤 C, N, P, S, K、土壤容重、重金属、电导率、土壤微量元素、阳离子交换能力、土壤 pH 值、土壤热收支、土壤温度、导热率、土壤有机物、土壤吸收率、土壤深度、土壤侵蚀、土壤肥力、土壤气体/空气、土壤呼吸、土壤剖面、土壤阻抗、土壤入渗、土壤力学、土壤湿度/水分含量、土壤可塑性、土壤孔隙率、土壤生产力、土壤固根深度、土壤盐渍度、土壤结构、土壤粗密度、土壤持水能力
	地表辐射特性	反照率、各向异性、发射率、反射系数、热性质
	土地利用/覆盖	土地利用格局、土地利用变化、土地覆盖格局、土地覆盖变化、验证点、森林、草地、耕地、沙漠、城市与农村聚落、湿地、水域、荒漠
	典型区域综合	青藏高原、黄土高原、寒区旱区、长江三角洲、黄河中下游、东北黑土区、新疆与中亚、南海及毗邻海区、湖泊—流域
生物圈	植被	植被覆盖、植被类型、植被指数、叶面积指数、增强叶面积指数、造林/重造林、生物量、碳收支、叶绿素、光合有效辐射、微藻类
	动物	两栖动物、鸟类、鱼、哺乳动物、爬行动物
	细菌	蓝藻、绿藻
	生态系统	农田生态系统、森林生态系统、草地生态系统、荒漠生态系统、湿地生态系统、湖泊生态系统、海湾生态系统、城市生态系统
冰冻圈	冻土	活性层、冰雪物质、地下冰、冰缘作用、永冻带、冰川石流、季节性封冻带、土壤温度、居间不冻层
	海冰	海冰
	冰川/冰原	消融带/积雪带、冰原、冰川海拔/冰盾海拔、冰川表面、冰川质量平衡、冰川运动、冰川厚度、冰川地形、冰川、冻盾、冰山
	雪/冰	反照率、雪崩、浓霜、冻结/解冻、霜、冰冻深度、冰川长度、冰川增长/消融、冰川运动、冰川速率、湖冰、永冻带、河冰、雪盖、雪密度、雪深度、雪能量平衡、积雪表面、融雪、积雪地层学、积雪水当量、雪/冰化学、雪/冰温度
陆地水圈	地表水	含水层补给、流量、引流、洪水、水文类型、水文周期、水灾、湖、河流/溪流、径流、水位、地表水化学成分、地表水总量、水渠、水深、水压、产水量、流域特征、湿地、泥沙
	地下水	含水层、色散、水系、地下水流量、地下水化学成分、下渗、地面沉降、渗流、海水入侵、泉水、潜水面
	水质/水化学	酸沉降、碱度、生态指数、二氧化碳、致癌物、叶绿素含量、传导率、污染物质、溶解气体、溶解固体、碳水化合物、无机物、光透射、氮化合物、营养盐、有机物、含氧量、磷化合物、pH、放射性同位素、稳定同位素、悬浮颗粒、有毒化学物质、微量矿物元素、浑浊度、水离子集中度、可饮用水、水温、水微量元素

一级类	二级类	关键词表
	人口	人口数量、性别构成、年龄结构、教育程度、文盲率
人文因素	经济资源	GDP、全社会固定资产投资、社会消费品零售总额、工业总产值、出口总额、进口总额、外商直接投资（FDI）、年财政收入、年财政支出、第三产业增加值占 GDP 比重、第二产业增加值占 GDP 比重、第一产业增加值占 GDP 比重、文化产业增加值占 GDP 比重、人均 GDP、GDP 增速、R&D 经费支出占 GDP 比重、劳动生产率、总人口、农业人口、人口自然增长率、城镇人口比重、失业率（城镇）、非农产业就业比重、基本社会保险覆盖率、义务教育普及率、适龄人口大学入学率、人均受教育年限、交通事故发生率、火灾发生率、发案率、基尼系数、城乡居民收入比、高中阶段毕业生性别差异系数、城市居民人均可支配收入、农村居民人均纯收入、恩格尔系数、5 岁以下儿童死亡率、平均预期寿命、千人拥有医生数、千人拥有床位数、每百户拥有计算机台数、居民文教娱乐服务支出占家庭消费支出比重、人均住房使用面积、万元 GDP 能耗、万元 GDP 水耗、常用耕地面积指数、空气质量达到二级以上天数、万元 GDP CO_2 排放量、森林覆盖率、中小学生态文化课程普及率
	环境影响	酸雨沉降、农业扩张、生物化学元素排放、生物量消耗、化学溢出物、城市扰动、残留物、污染物、环境评价、化石燃料燃烧、瓦斯爆炸/泄漏、废气燃烧、重金属、工业废物排放、工业化、矿山排水、核辐射、石油泄漏、污水、城市化、水管理
	自然灾害	生物危害性、火灾、地质灾害、水灾、气象灾害
	生境转化	森林砍伐、沙漠化、荒漠化、富营养化、灌溉、开垦/复垦、再造林、退耕还林（草）、水土保持、湖泊围垦、河道变迁、城镇化
	气候资源	光能资源、热量资源、降水资源、大气资源、风能资源、气候灾害
	生物资源	森林资源、草地资源、藻类资源、动物资源、微生物资源、药物资源
	水资源	大气水（云水）、地表水、土壤水、地下水（潜水）
	土地资源	资源类型、适宜性
自然资源	农业资源	水稻、小麦、玉米、大豆、棉花、蚕、茶叶、水果、畜产品、水产品、光温潜力
	矿产资源	金属矿产、非金属矿产、水气矿产
	海洋资源	海洋生物资源、海底矿产资源、海水资源、海洋能资源、海洋空间资源
	旅游资源	地文景观、水域风光、生物景观、天象与气象景观、遗址遗迹、建筑与设施、旅游商品、人文活动
	能源资源	石油、天然气、煤炭
	可再生资源	风能、太阳能、生物质能、地热、潮汐、水电
海洋与极地	海洋	海洋水产学、海洋光学、海底地貌、海洋压力、海岸过程、海洋温度、海洋环境监测、海浪、海洋地球物理、海洋风、海洋沉积物、盐度/密度、海洋火山作用、海冰、海洋声学、海面起伏、海洋化学、潮汐、海洋环流、海洋水质、海洋热量收支、海洋生物
	极地	极地海洋学、极地地球物理学、极地大气科学、极地生物学、极地环境科学、极地地理学、极地地质学、极地工程、极地冰川学、南极天文学

续表

一级类	二级类	关键词表
固体地球	地球化学	元素地球化学、有机地球化学、天体化学、环境地球化学、矿床地球化学、区域地球化学、勘查地球化学、地球化学其他
	大地测量/重力	控制调查、地壳运动、大地水准面属性、引力场、重力加速度、海洋地亮变形、参照系统、旋转变异、卫星轨道
	岩石/矿物	年代探测、基岩岩性、火成岩、变质岩、陨石、准矿物、矿物/水晶、沉积岩、沉积物
	地磁	电场、地磁预报、地磁指数、地磁感应、磁异常、磁偏角、磁场、磁倾角、磁感应强度、古地磁、参照场
	地震	地震动力学、发震记录、地震预报、地震体波、地震剖面、地震面波
	构造地质	中心演化、断层、褶皱、均衡反弹、岩石圈板块运动、构造、板块边界、板块构造、应变、地层顺序、应力
	地热	地热能量、地热温度
	火山	喷发动力、熔岩、岩浆、火山碎屑、火山灰、火山气体
古气候/古环境	冰芯记录	二氧化碳、电学性能、冰心气泡、离子、同位素、甲烷、一氧化碳、颗粒物、火山堆积
	海洋/湖泊记录	钻孔、珊瑚沉积、同位素、湖平面、厚重大化石、微体化石、氧同位素、古地磁数据、花粉、放射性碳、沉积物、地层序列、纹泥沉积
	陆地记录	钻孔、洞穴沉积、冰川作用、同位素、黄土、厚重大化石、微体化石、古地磁数据、古土壤、古植被、花粉、放射性碳、沉积物、地层序列、树木年轮、火山堆积
	古气候重建	气温重构、大气环流重构、干旱/降水重构、地下水重构、湖面重构、海洋含盐重构、海平面重构、海表面温度重构、日照重构、溪流重构、植被重构
日地空间环境	空间环境卫星探测	ACE卫星探测、双星卫星、SOHO卫星、其他卫星、神舟飞船
	空间环境地面观测	地磁观测、重力观测、中高层大气环境观测、电离层观测、太阳活动观测、太阳高能粒子通量、太阳高能粒子特性
	灾害性空间天气事件	太阳耀斑事件、太阳质子事件、地磁暴事件
	空间目标及空间碎片	空间碎片、卫星编目与异常
	空间环境效应	航天器故障异常事件、其他环境效应
	国际交换和镜像	SPIDR镜像、其他国际数据资源
天文	望远镜观测	望远镜观测
	全波段天文学	光学天文学、红外天文学、亚毫米波和毫米波天文学、射电天文学、紫外天文学、X-射线天文学、γ-射线天文学
	天文探测	天文探测
遥感数据	天基遥感	航片、卫星影像、雷达影像、景观照片、其他影像
	地面遥感	地物波谱、遥感解译标志、地面验证信息

第6章 地球系统科学数据 整合集成技术体系

6.1 数据整合和集成的方法

从技术实现的角度，目前存在多种数据整合和集成的方法和手段，广泛应用在数据密集型的业务活动中。按数据内容是否改变可以将数据的整合集成分成两种类型。其一是面向数据内容的整合集成，即数据本身得到加工处理，数据集实质上得到了改变和整合利用；其二为面向数据互操作的整合集成，数据实体不变，主要围绕技术手段实现虚拟数据整合。

6.1.1 面向数据内容的整合集成方法

对于第一种类型，简要介绍以下五种方法：

（1）数据的提取、转换和加载

数据的提取、转换和加载(Extract，Transform and Load，ETL)是一种高效的在数据仓库中进行数据集成的技术。其目的就是要运用一定的技术手段将系统中的数据按一定的规则组织成为一个整体，使得用户能有效地对其进行操作(张保奎等，2005)。

ETL 在数据处理上应该遵从以下几个主要步骤：

① 异构的多数据源处理。能够尽可能地接受多种数据源、异构数据源。

② 通用数据访问接口。能够跨平台、跨网络访问数据，能支持不同类型数据源间的连接，通过屏蔽各种数据源之间的差异，为后续应用提供一个统一的数据视图。

③ 数据抽取。数据抽取包括模式数据和实例数据抽取。

④ 数据集成。依据数据语义、语法、结构将不同数据元素化，得到格式统一的数据结构；进而进行数据标准化；然后进行数据的一致性检验；修改各种错误，等待进一步地清洗。

⑤ 数据规约。针对数据集进行匹配，发现重复异常，根据匹配结果进行处理，删除部分重复记录或者将多个记录合并为一个信息更完整的记录。

⑥ 数据装载。有选择地转载到一个或多个目的数据表中，并允许人工干预，以及提供错误报告、系统日志、数据备份和恢复功能。

⑦ 目的数据存储。提供数据与元数据的存储场所，是 ETL 的终点——数据仓库。

数据事先被加载(复制)进一个数据仓库中，然后所有的查询针对数据仓库中的数据进行。这种体系结构的优点是既可用于数据集成，又可用于决策支持查询。存在的问题是，当 Web 信息源的数据发生变化时，数据仓库中的数据也要作相应的修改。因此，这种间接访问方式的缺点是数据更新不及时、数据重复存储。

(2) 数据组装技术

通过数据网络对原有数据资源或数据库进行整合并非是原有数据的简单相加，而需要根据数据库的具体目标对原有数据进行划分、分类和重组，将数据重新组织成一个整体，称之为数据组装(陈维明等，2002)。这是因为在建立单一主题数据库时，我们考虑的重点往往是数据(记录)的纵向组织(积累)，而建立综合型数据库时，除了需要考虑数据的纵向组织以外，特别要考虑数据的横向组织，即相关数据间的连接方法。

数据规范是数据组装要考虑的另一个重要方面。数据规范包括三个方面的问题，即数据类型格式的规范、数据分类的规范和数据表述的规范。

(3) 主题地图(知识地图)技术

面向主题地图的知识集成系统(TMKIS)，将信息资源的本体表示规范、存储方式、自动抽取方式、合法性验证以及浏览方式有机地结合起来，利用主题地图技术，处理异构的信息资源，实现异构知识集成的目标。

主题地图正是这样一种可以组织概念以及概念间相互关系的解决方案。主题地图遵循可交互式知识表示规范 ISO/IEC 13250，它由主题、关系、事件共同组成，增强了结构化语义网对于某个领域的知识表示能力。这个分层的主题网络可以视为本体。

主题地图提供的知识片段(信息资源本身)通过特定的概念间的关系在抽取的不同层面上相联系，因此对于主题地图的浏览可以通过包含语义的网络方式加以实现，它对于资源提供一种异构的视图。

主题地图致力于复杂数据集的导航，引领用户轻松地定位到所感兴趣的知识点及其相关的信息资源。尽管主题地图可以用来描述和管理无限复杂的信息世界，它的基本构成却很简单，即主题、事件和联系。

(4) 数字合并技术

针对空间数据的整合，数字合并(Conflation)是从不同的数据源合并为一个新的、最优的数据集的算法过程，"新"和"优"表现在空间和属性两个方面。数字合并算法的关键技术是如何自动探测候选的匹配地物的特征要素。利用数字合并算法可通过一对多或多对多的关系，实现将一组弧段与其他不同精度弧段的匹配。数字合并同时可将合并前弧段的属性传递给合并后的对象，传递过程并不是简单的属性数据重叠，而是通过一种智能算法计算出合并后对象匹配的属性集的过程。

数字合并算法为多源数据分析、整合、应用提供了有效方法，它分为地图合并计算、基于点的合并计算、基于线的合并计算和基于规则的合并计算。通常的数字合并算法包含三步迭代过程：特征匹配、聚集区域对象重新排列、定位和属性冲突解决。线性数字合并的算法过程主要为：探测同态对象、同态对象匹配。数据库匹配对数字合并算法提出了更高的要求。目前的做法是综合利用数据库信息资源，提供多源数据匹配的方法模型。

（5）数据同化

就"同化"的本意而言，是指把不同的事物变得相近或相同的过程（王跃山，1999）。数据同化是数据整合与集成的最高层次，它是从研究角度进行的连续数据场的再造和模拟。按研究领域的不同，可以区分为陆面数据同化、大气数据同化、海洋数据同化三种主要模式。

就陆面数据同化而言，遥感技术的发展为获得大尺度的陆面变量场（如反照率、地表辐射温度、土壤水分）提供了很好的途径，但也受限于其非直接观测的特性。因此存在以下问题：1）如何集成来自于不同观测系统（常规观测和遥感观测）的数据；2）如何集成直接观测（如对地表土壤水分和土壤温度的直接观测）和间接观测（如利用被动微波观测得到的亮温数据间接反演土壤水分）；3）如何集成观测数据和模型模拟结果（前者在时间和空间上都不连续，而后者具有时空连续特征）；4）如何在融合多源数据的同时，解决数据分辨率不一致的问题，即：尺度上推（Scaling-up）和尺度下推（Scaling-down）的问题。

四维数据同化系统（Four-dimensional Data Assimilation System）是一种数据同化的有效方法。它是在考虑数据时空分布的基础上，在数值模型的动态运行过程中融合新的观测数据的方法。陆面数据同化系统（LDAS，Land Data Assimilation System）近年来将四维同化方法应用到地球表层科学和水文学中而迅速发展。当前，陆面数据同化的研究主要为：在陆面模型和水文模型基础上，采用不同的数据同化算法同化地表观测资料、卫星和雷达数据，优化地表和根区土壤水分、温度、地表能量通量等的估算。

6.1.2 面向数据互操作的整合集成方法

数据互操作的技术模式主要包括：数据格式转换、直接访问数据、数据互操作访问、联邦数据库、数据访问中间件等。

（1）数据格式转换

数据格式转换方法往往经由某种公用的数据导入、导出格式，将不同格式的空间数据纳入用户平台。通常的测绘制图项目采用的就是这种模式。由于不同系统的数据结构本身的差异，转换过程中往往会造成某些信息无法完全转换。因此，在转换之前，首先要实现空间数据标准的规范统一。

（2）直接访问数据

直接数据访问模式在本质上仍然是格式的转换，与第一种模式不同的是，格式转换由地理信息系统软件自动完成。数据格式转换控件的共享是此类系统实现数据直接访问的基础，因而此类模式只能在特定的系统上实现。

（3）数据互操作访问

数据互操作模式是OGC（开放地理信息系统组织）制定的一种数据规范。OGC为数据互操作制定了统一的规范，从而使得一个系统同时支持不同的空间数据格式成为可能。根据OGC颁布的规范，可以把提供数据源的软件称为数据服务器，把使用数据的软件称为数据客户，数据客户使用某种数据的过程就是发出数据请求、由数据服务器提供服务的过程，其最终目的是使数据客户能读取任意数据服务器提供的空间数据。Web Service 技术的发展为数据互操作提供了更好的技术支撑，它可以进行异地异构数据源集成，能透明地实现资源共享和整合。

这三种集成模式各有利弊，其中模式(1)是传统的一种模式，但由于不同数据格式描述空间对象时采用的数据模型不同，因而转换后不能完全准确地表达源数据信息，此外由于这种数据格式转换涉及输出和输入两个过程，相对比较复杂。模式(2)，由于实现各种数据格式宿主软件的数据访问接口，一定时期内还不现实，且对于数据客户来讲，同时需要拥有两种格式的 GIS 软件，并同时运行才能完成数据的互操作，给数据的集成带来了很大的局限性。模式(3)虽然是实现空间数据共享的理想方式，但由于构建成本比较大，且需要具备多源空间数据无缝集成技术和一种内置于 GIS 软件中的特殊数据访问体制，目前是相对比较困难且技术要求较高的集成模式。

(4) 联邦数据库

对于已经存在的各种数据库，人们必须要处理它们在系统一级的异构(如 DBMS)及语义一级的异构(如模式)，同时还要考虑到要通过 WWW 连接这些异构的数据库，因此可将他们组织成组件数据库(component database)、多数据库系统(multidatabase)或构造数据仓库(data warehouse)，这些数据库系统可以统称为联邦数据库(federated database)。不管采用哪种方法实现，他们的共同点都是要保持其自治性以及与其他数据库交换数据的局部策略应能保持不变。

在联邦数据库中有各种各样的数据源，有的数据源没有稳定的模式，有些数据源包含一些非结构化的和半结构化的数据等。为了对各个数据源进行统一处理，系统必须用一种公共模型(Data Model)描述来自于不同数据源中的数据，例如核心元数据。

(5) 数据访问中间件

虚拟法(中介器法，Mediator 法)是一种数据访问中间件法，它使用与数据仓库法完全不同的结构。数据仍保存在各异构数据源上，集成系统仅提供一个虚拟的集成视图和对该集成视图查询的处理机制。系统能自动地将用户对象集成模式的查询请求转换成对各异构数据源的查询请求。这种方法中数据没有被事先复制，可以充分地保证数据的时效性。虚拟方法适合于处理数据量较大、数据变化频繁、集成系统对数据源没有控制的情况。数据从原数据源中通过集成中间件传到目的数据源中，用户查询基于中介模式，不必知道每个数据源内部情况，查询引擎通过各数据源的包装器抽取结果，并由中间件返回给用户。异构数据源的集成框架如图 6.1 所示。

① 应用层：用户可以通过接口无差别地访问自己需要的数据；

② XML 接口层：负责用户之间的通信；

③ 中间件层：由包装器和查询器组成，进行异构数据与 XML 格式的相互转化，通过为不同的数据源建立包装器，从而建立双向映射关系；

④ 信息源层：是企业数据的提供者，包括不同的异构数据库，以及分布的异构数据源。

包装器和查询转化器是数据集成中间件中的主要构成部分。包装器的作用是建立数据库中的数据模型与 XML 的数据模型之间的相互转化，对不同的数据源建立不同的转化器。

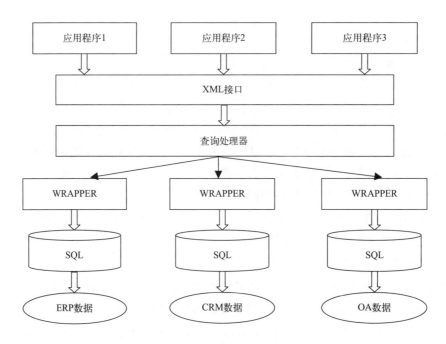

图 6.1　异构数据的集成框架

查询处理器的作用是由于实际的数据存在具体的数据源中，当应用程序 XQUERY 访问集成后的数据源，必须将 XQUERY 转化成适当的 SQL 或其他查询语句，执行后返回结果，实现数据互操作和共享。

6.2　数据整合集成的模式分析

6.2.1　数据资源整合的技术模式

科学数据能够被利用的必要条件就是对其进行整合，从而形成从低到高的、应用于各种不同领域的、各类科学数据资源产品。整合的原始含义是对数据进行整理和集成，指以应用为目的，对不同来源、不同格式、不同特性的数据进行各种处理加工的过程。

通常意义上，科学数据资源整合流程包括如下步骤：(1)标准化处理，(2)质量控制，(3)统计分析，(4)融合与同化，(5)元数据等信息的整编，(6)数据集/数据库的建立和发布，如图 6.2 所示。

在整合的六个步骤中，(1)、(6)是必经的环节，而(2)、(3)、(4)、(5)是可选的，是提升科学数据资源价值，为用户提供高质量服务的环节。整合的各个环节可视为独立的数据处理模块，均有明确的输入和输出数据，可以形成不同级别的数据产品。

需要强调的是，产出高质量、完整和可用的数据集或主体数据库是科学数据资源整合的主要目标，而为了实现这样的目标，每一个整合的环节均可以反复开展。如：数据的标准化，在数据传输阶段主要是对数据进行编码和解压缩，而在数据服务阶段主要是为用户提供通用的、标准格式的数据产品。

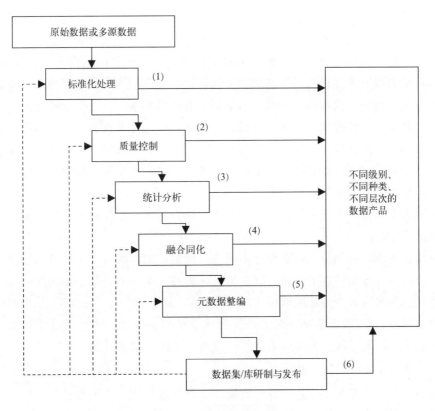

图 6.2　科学数据的整合流程

6.2.2　数据资源整合的关键环节

数据资源整合所涵盖的领域广泛、环节众多，涉及数据处理、数理统计、分析同化和转换融合等诸多技术。从数据整合和处理的必要性和难易程度上，目前情况下应充分做好第(1)标准化处理、(2)数据质量控制、(5)元数据整编、(6)数据整编和发布的处理工作。

（1）标准化处理

标准化是科学数据资源整合的起点，也是最基本的环节。一方面，数据采集系统由于所采用的仪器不同、观/探测的方法不同等，造成原始数据的格式各异，结构模糊或复杂，不便于用户使用，因此必须将之进行标准化处理，使采集系统的技术复杂性被屏蔽，为用户提供规范、通用的数据使用方式。对于不同领域，数据标准化的过程和具体技术方式也不同，如气象领域，主要采用世界气象组织所推荐的全球气象报告电码格式对各类观探测原始资料进行编码（BUFFER 等）规格化处理；在基础测绘信息方面，主要是根据国家或测绘行业标准进行图层和图件的标准化以及数据格式的标准化。

数据标准化的主要技术途径就是依据国际、国家标准或行业业界事实上的规范对数据采集系统产出的原始数据进行标准化和规范化的处理，使得数据能够被用户看懂、读出、使用。

（2）质量控制

质量控制是科学数据资源整合最重要的环节，也是专业化程度相对高的环节。众所周知，**数据质量是数据的生命**，使用错误的数据比没有或者不使用数据造成的危害还要大。所以，对科学数据资源进行质量控制和质量认证，为用户提供有质量保障和完整质量状况信息的数据是开展深层次与高水平数据共享服务的必要要求。

质量控制所采用的技术大多数可追溯到数理统计与相关分析技术，但其所依据的规则或方法具有鲜明的专业特征。如，以正态分布为基础对极端数据出现概率设立阈值判断数据的合理性（简称为极值检测法）可以适用于气象、海洋、水文等多领域的科学数据质量控制。但是，检测气温要素所依赖的业务规则和检测水温要素所依赖的业务规则是不同的，而这种规则需要很深的专业背景以及丰富的该领域数据处理工作经验才能够形成，是专业领域的基础技术。

质量认证与质量控制有相同点也有不同点。质量控制注重每一个环节与技术步骤，关注过程的合理性及导出结果的可信度。质量认证更加注重结果，是采用国际或业界通用的标准和评判方法来对数据产品的质量状况进行定量/定性的评判，为使用者/用户提供一种简明、易于理解的使用/获取这一数据产品的辅助信息。因此，虽然质量控制通常要由专业部门来完成，而质量认证则可以委托第三方或中立的机构来开展。

（3）基于元数据的数据发布

实现网上科学数据汇交、管理与分发服务是科学数据共享的主要任务之一。科学数据共享主要以互联网络为载体，其网络服务平台由基于互联网链接的科学数据共享管理中心总门户网站、科学数据中心网站群和科学数据网门户网站群构成。系统建设依托上述网络平台，实现网上数据汇交、数据管理、目录服务、数据服务等系统功能。

数据分发服务功能包括数据发现服务和数据获取服务。数据发现可通过系统提供的目录服务和检索服务，通过目录查询和数据信息搜索实现对数据资源的发现。数据获取可通过直接连接、代理服务、网关服务、专题服务等方式，实现数据的链接、浏览、下载和应用（专题）等以获取数据。直接网上下载是一种方便实用的数据分发服务方式，其数据实时性较强，但往往受到网络带宽的限制，且需要建立一套完善的身份认证体系，以保证数据的安全；另一种方式是定制数据服务，以数据库及相关信息为基础，根据用户需求通过信息提取、转换与加工形成有针对性的信息服务产品，并以光盘、图件、文字报告等形式进行分发服务。

6.3　基于元数据的数据发布技术框架

科学数据发布是指管理者将科学数据传递给用户的过程。它不同于公众信息的传播，而是根据科学数据复杂的自然与社会属性，针对不同的数据资源采用不同的方式、方法和技术传递给用户的过程，是一种策略与技术耦合，以协调数据活动各当事方之间的社会关系，维持共享秩序的社会—技术活动过程。

科学数据发布对管理者而言，是将经过整理加工后具有使用价值的数据资源，通过物理的、社会的技术手段提供给不同用户使用的数据活动过程。而对于用户而言，则是查找自己所需要的数据信息，从某一个数据信息库中把符合自己需要的数据挑选出来，然后才能利用数据解决其面临的问题。两者通过数据信息流发生着紧密的联系。可见，在科学数据管理中，数据发布是数据管理的基础，是发挥科学数据对科技创新支撑作用、实现科学数据资源的使用价值的唯一手段。

遵循物理上分布、逻辑上统一的，以数据库为基础的科学数据共享服务体系，是实现科学数据资源共享管理的技术核心；是为广大用户提供高质量的科学数据和便捷服务所必需的技术支持系统；是建立在 Internet 上的，通过统一管理、统一技术和统一用户界面，将各个数据库及其服务系统连接成的整体。它的实现需要信息技术的支持，包括：集成化共享技术平台；元数据库技术、异构数据库技术、网络化数据服务技术；交换共享标准参考模型和相关学科领域数据信息体系结构及其标准化；科学数据质量评价方法和检测规范；以及数据信息交换过程中的一系列技术。

本节将以数据交换中心的元数据发布为例，介绍相应的科学数据发布技术框架。

6.3.1　数据交换中心的元数据应用模式

数据交换中心并不是一个陌生的事物。早在 1994 年 4 月 11 日的美国 12906 号总统令就明确提出建设"国家地理空间数据交换中心"，并把它定义为是一个联结地理空间数据的生产部门、管理部门及用户的分布式电子网络系统。

数据交换中心——Clearinghouse 的概念可以概括为（FGDC，1999；黄裕霞，2003）：

（1）是一个可查询的信息目录，它覆盖所有参与信息共享的研究领域，为用户提供了对相关信息进行查询、发布等操作的工具。这个信息目录包含的不是数据本身，而是关于数据的信息，即元数据。

（2）是一个虚拟信息空间，在这里可以通过简单操作来搜寻和定位感兴趣的知识信息。它是采用统一的元数据，相同的查询和检索协议，以及用于各种元数据收割的注册系统来完成的，可借以实现信息挖掘。

（3）是一个集中式服务系统，所有数据资源的元数据都存放在 Clearinghouse 中，客户端采用现有的 Web 技术，通过查询元数据来获取数字化地理信息。

相应地，科学数据交换中心的概念可以概括为：一个联结科学数据的生产者、管理者以及用户的分布式电子网络系统。从形式上它可以表现为科学数据中心或科学数据网；在技术上是基于元数据一站式数据服务体系。

数据交换中心可以借助于元数据的相对集中管理，实现分布的数据服务。以元数据为核心的管理模式是数据交换中心的技术主流。最具有典型代表意义的要数美国的联邦地理数据委员会 FGDC(Federal Geographic Data Committee)的 Clearinghouse* 的构建。

Clearinghouse 由客户端、通信网和服务器节点组成，是由 Internet 上的服务器节点组成，连接地理空间数据生产者、管理者和用户的分布式网络。服务器中包括按标准生产的地理空间数据的元数据(Metadata)。Metadata 是对数字地理空间数据的字段级的描述。客户端采用 Web 技术对服务器端的 Metadata 进行查询、搜索，并将结果表示在浏览器上。

它提供对多个服务器上的地理空间数据 Metadata 查询以获取空间数据的功能。具体体现在：

- 提供对数据显示和查询的标准字段和操作
- 访问分布式数据和 Metadata 资源
- 对全文本和数据库字段进行搜索
- 使用连续的形式分发结构化数据

对所有可访问的数据集提供一个访问入口点，多个服务器可以被同时查询。它通过 URL 在线链接功能实现对空间数据的连接，空间数据既可以通过 HTTP 协议获取也可以通过 FTP 协议获取。空间数据交换网络体系结构如图 6.3 所示。

Clearinghouse Node 是空间数据交换网络中的服务器节点，其作用是提供通过 Metadata 索引来访问数字空间数据的途径，提供详细的目录服务，支持到空间数据的连接。Clearinghouse Node 在其 Metadata 索引内提供超文本连接，允许客户端下载空间数据或填写表单。

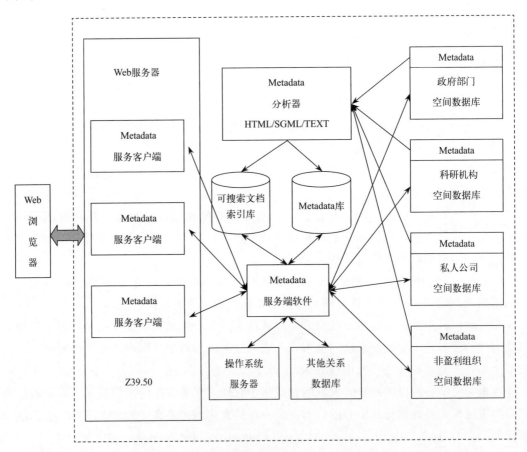

图 6.3　**Clearinghouse 体系结构图**

建立一个 Clearinghouse Node 服务器节点的过程如下：首先是收集数据集的 Metadata，数据生产者把用各种 Metadata 编辑器生成的 Metadata 索引经过 Metadata 语法分析器送入交换中心的服务器节点，服务器节点上配备服务器软件，如遵循 Z39.50 协议的 Isite 软件(CNIDR Isite，1999)。然后将该服务器节点登记到国家中心信息库的登记服务器中(包括服务器节点主机名、端口号和索引根名)。空间信息交换网络登记服务器将各节点服务器的有关信息传送给客户端网关。客户端在查询 Metadata 时，通过指定关键字、空间范围、时间范围或其他属性来实现查询，这个查询通过网关然后再传给空间数据交换网络上各节点进行查询分析，将结果返回给客户。

国家各部门和专业组织可以按照标准建立自己的空间数据服务节点，按 Metadata 标准建立本部门专题空间数据的元数据，使其他部门组织通过元数据来查询和访问或订购这些空间数据，对空间数据服务器节点和客户端浏览器之间的中间层软件的开发，可以参考基于 Z39.50 协议的中间件(如 Isite)或参考轻量级目录访问协议(LDAP 协议)来开发新的软件。

通过对这个典型的数据交换中心的模式进行分析，可以看出数据交换中心对元数据及其技术的重视和依赖。数据交换中心的典型特征，可概要总结为：

- 需要根据情况制定相应的元数据标准，并在此基础上进行元数据的采集和发布；
- 通过一个统一的入口进行元数据的查询和访问，利用元数据网关进行元数据服务和注册；
- 实现系统都支持 Z39.50 协议来发现和获取数据。在美国的国家空间信息基础设施建设和我国九五攻关空间信息交换中心的建设中，都是以带 Geo profile 的 Z39.50 协议作为空间信息的发现和获取协议的；
- 整个体系以数据交换为中心，支持基于数据的查询检索，数据交换与应用服务分离。

分析认为，这一模式以元数据为纽带可以对分布式的数据集进行高效访问和共享，但有其应用的局限性和适用性。其缺点包括：

- 在应对多学科元数据标准上没有很好的解决方案；
- 协议的依赖过高，因为实施中需要遵守 Z39.50 协议的客户端软件支撑，提高了数据共享的技术门槛，这也为元数据的互操作上制造了一定障碍；
- 缺乏对元数据语义查询的支持，对实施查询的用户有一定的专业要求，而且查询结果相对而言不够精确；
- 服务单一，用户只能单一地进行元数据网关的服务注册，现有的 Web Service 技术可以更加灵活地提高服务的能力。

6.3.2　基于元数据的科学数据发布模式

科学数据交换中心支撑起科学数据共享的技术体系，其作用如下(李晓波，2007)：

- 在网上快捷地找到所需的数据在什么地方
- 方便地获取所需的数据(特别是通过网络手段)
- 对分散在各地的各类数据进行统一管理(特别在网上)
- 各种应用系统能够有效地利用科学数据，对其进行深加工与知识挖掘

显然，以数据库为基础的科学数据中心和科学数据共享服务网的建设，是在现有网

络、数据库、信息发布、身份认证等信息技术的支持下，对分布式数据库(具有物理上的分布性和逻辑上的统一性)和数据集的统一管理，实现目录服务、数据服务、延伸服务等共享服务功能，如图 6.4 所示。

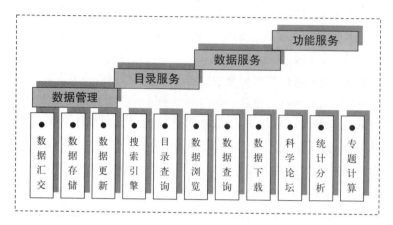

图 6.4　科学数据共享的数据服务功能

这些功能体现了科学数据交换中心的作用，即在技术层面上，更多需要以元数据为核心的分布式数据管理和服务技术。

以元数据为核心的目录查询，是系统利用元数据技术提供信息服务的一种标准模式，它通过元数据标准的核心元素将信息以动态分类的形式展现给用户。用户通过浏览门户网站提供的元数据摘要(核心元数据)可以快速地确定自己所需的信息范围，然后要求门户网站在该范围内进一步搜索。

科学数据共享的目录服务是以元数据为核心的目录查询，其结构如图 6.5 所示。

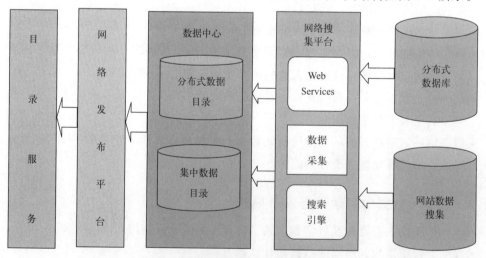

图 6.5　数据交换中心目录服务体系

目录服务是元数据系统利用元数据技术提供信息服务的一种标准模式。它通过元数据标准的核心元素将信息以动态分类的形式展现给用户。目录的上下级关系是通过元数据标准中参与建立目录的元素的排列顺序决定的，而某一级目录下的子目录的数量的多少是由该级目录所对应的标准元素的域值来决定的。用户通过浏览门户网站提供的元数据摘要（核心元数据）可以快速地确定自己所需的信息范围，然后要求门户网站在该范围内进一步搜索。在系统内部，门户网站通过在用户给定查询条件上附加范围限制的方式，使网关只针对少数节点进行查询，从而缩小查询命中范围，提高查询的准确性。

目录服务所涉及的元数据来源有两个渠道：一是共享中心结点的数据中心，这部分数据主要依靠自主采集、收集和一些不具备建立数据中心的部门的数据外挂，其数据量显然不够丰富，更重要的数据源则是分布在网上的各部门的分布式数据库。通过科学数据共享平台的门户中心结点把其他各网站的分布式数据库整合在一个目录中，这种方式为广大用户所提供的方便是显而易见的。但要想整合多种网络系统、多种操作系统平台下的分布式数据库，需要有大量的开发任务。

如上分析，元数据在数据交换中心中起到关键的作用。我国科学数据共享工程中提到的数据目录服务就是利用元数据的这一功能实现的。科学数据目录交换与服务系统的发现与共享分为三个基本环节(徐枫，2003)：其一，是发现：用户通过分布式目录服务系统的目录服务，得到数据资源的描述信息，即数据资源元数据。其二，是评价：用户根据数据资源元数据的内容及元数据的相关链接(例如在线样例数据浏览、在线图形浏览等)对数据资源的适用性进行评价。其三，是访问：包括对数据集的访问和对科学数据访问服务的调用。

科学数据交换中心的元数据解决方案，如图6.6所示。在该体系中，通过元数据技术有机链接各数据中心(网)的主体数据库，构建元数据目录总检索系统与信息发布系统。该系统以互联网为主要传播媒介，以数据信息发布、查询、导航引擎等服务为内涵。

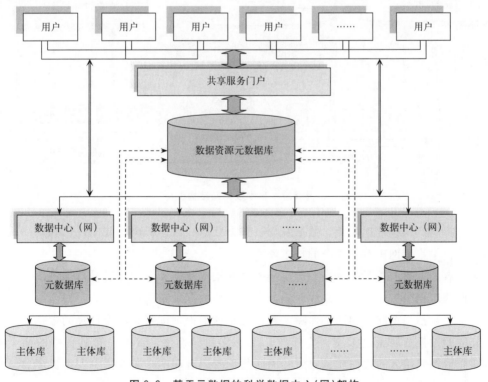

图6.6　基于元数据的科学数据中心(网)架构

6.3.3 科学数据网数据发布框架

以科学数据网为例，分析科学数据发布的技术流程。通常，科学数据网建设主要是针对国家重大科技计划、重点区域以及基础科学领域，通过互联网连接各科研院所、高等院校和国际数据组织的相关专业数据库，构建物理上分布的、逻辑上统一的数据共享网络。它可被视为一个数据组织，是借助互联网的虚拟科学数据中心，具有网络化、虚拟化、集成化的一站式服务特点，如图6.7所示。科学数据网能够支持开展国家重大科技计划项目数据与分布式数据库的管理；交换和引进国际科学数据资源，特别是那些资源丰富、影响度高的数据库镜像站点的建设，以及数据组织、加工与服务等。

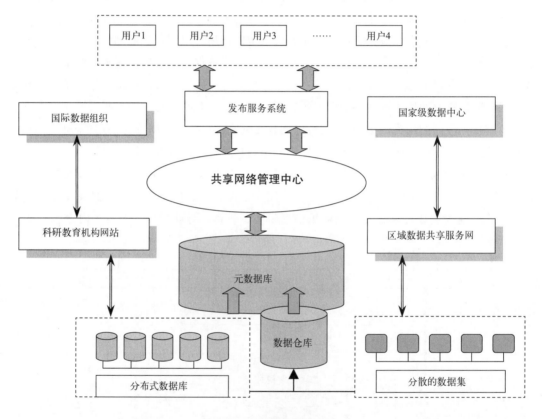

图6.7　科学数据网结构图

本节将重点围绕数据汇交、数据发现、数据获取、数据安全、数据评价和用户反馈等方面介绍科学数据网中数据发布的技术流程。

科学数据发布的逻辑起点是经过质量控制的集成数据资源，它通过数据发现、数据评价、数据获取三个核心环节来完成数据分发。围绕数据发布的核心环节，科学数据发布的完整过程还包括一个前提和两个保障。数据发布的前提是按照共享为目标的数据汇交，它使得分散的数据资源通过汇交而有序化、系统化和标准化。数据发布过程中的两个保障是，面向数据使用者的数据质量保障和面向数据管理者和生产者的信息安全保障。科学数据发布技术体系，如图6.8所示。

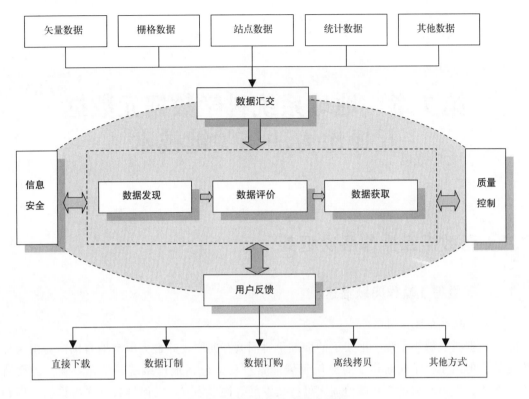

图 6.8 科学数据发布技术体系

如图 6.8 所示，科学数据发布技术体系的主要内容包括：数据汇交、数据发现、数据评价、数据获取、信息安全、质量控制和用户反馈。其中，数据汇交是数据发布的前提；数据发现、数据评价和数据获取是分发服务的核心内容；信息安全、数据质量控制是进行分发的基础和保证；用户反馈是数据发布整个过程优化和完善的直接驱动力。

第7章 地球系统科学数据元数据互操作方法与关键技术

7.1 元数据互操作层次框架

7.1.1 元数据互操作问题描述

（1）元数据互操作问题

元数据扩展解决了统一框架下的标准集协同共存问题，并最大限度地与国际、国家标准接轨。但由于科学数据共享的应用领域非常广泛，包括地球系统科学、农业、生命科学、医药、气象、地震、基础地理、可持续发展等许多领域，因而导致存在着许多不同领域、不同层次、不同应用角度的元数据格式。不仅如此，在同一个领域和体系内部也会存在多种元数据标准，比如地学数据交换中心体系内就有多种不同的学科元数据。这些不同的元数据格式都有各自的相对独立性，如何在科学数据交换中心中检索、描述和利用这些不同的元数据格式，归根到底就是解决元数据互操作问题。

从20世纪90年代末期开始，元数据的互操作（Metadata Interoperability）受到普遍的关注，元数据的互操作直接影响到跨系统、跨语言、跨地域的信息共享、信息交换和信息获取。元数据的互操作是元数据未来发展的首要和关键的部分。随着网络影响的不断加深，新的元数据标准的不断出现，元数据的互操作原则已经成为元数据研究和开发的首要准则，直接影响着元数据的研究和应用（张晓林，2001）。

以目录服务为主的科学数据发现中存在多种元数据标准，多个元数据标准的存在必然要求元数据能够互操作。元数据互操作是科学数据发现的一个重要的基础。因此，解决元数据的互操作问题，也是突破地球系统科学数据共享元数据瓶颈的关键问题。

（2）元数据互操作概念理解

互操作（Interoperability）是元数据关键技术中的一个基础问题。计算机科学领域的互操作是一个覆盖面很广的范畴，Paul Miller对互操作的定义是"一个系统或者产品与别的系统或者产品协同工作的能力，这样的能力使得用户无须付出专门的努力"。从不同的角度，互操作可以进一步划分为技术互操作、语义互操作、政策/人互操作、社会内部互操作、法律互操作、国际互操作等。例如在数字图书馆领域，互操作通常用来具体地描述同一数字图书馆的各个组件或不同数字图书馆之间交换、共享文档、查询和服务的能力。实际上，这包括两个层面：一是元数据级别的互操作，二是服务（操作）级别的互操作。

元数据互操作的一般目标是解决元数据信息之间的互通和共享问题，高级目标则是由机器实现不同格式元数据信息的自由交换。互操作的基本原理是通过机器对元数据的"理解"，在不同元数据模式之间传递各自携带的信息，本质上是机器可读（Machine－readable）或机器理解（Machine－understandable）。

概括起来，元数据互操作必须实现的功能有：

1）用户在查询过程中，可以在不同的元数据间进行；

2）可以实现不同标准元数据间的相互转化；

3）能够解决不同元数据间的交叉、重叠等问题；

4）实现分布式元数据的远程访问和更新；

5）获取远程异构系统中的数据服务。

7.1.2　元数据互操作的层次

从宏观角度讲，元数据互操作涉及元数据各个结构层面的互操作，如图7.1所示。包括：

（1）交换格式的互操作，保证准确解析用以封装元数据的交换格式及其相应的安全机制（例如数字签名或数字摘要），准确地提取元数据记录，支持不同元数据格式的跨网络相互传递；

（2）标记格式的互操作，保证准确地释读用以标记元数据的格式语言以获取元数据记录中的元素内容结构，支持不同元数据的结构分析；

（3）元素内容结构的互操作，保证准确地理解元数据的元素结构（包括复用和本地定义元素等）、元素关系（如元素与子元素）、元素应用关系（如必选、可选、可多选等），支持不同元数据的元素结构分析、元素关系分析和元素转换；

（4）元素语义的互操作，保证准确地分析元素语义及元素间语义关系，支持不同元数据格式的元素在语义上匹配和转换；

（5）编码规则的互操作，保证元数据内容在不同编码规则体系间的准确转换；

（6）数据内容的互操作，保证元素具体内容在不同的元数据格式、编码语言、自然语言和标引实践下的准确转换。

作为一个完整系统，互操作还要求通信层的支持，这一般通过HTTP协议这样的标准协议来实现。

在采用XML/RDF语言作为标记语言、采用METS/SOAP格式作为交换格式的情况下，或者在互操作双方事先对标记语言和交换格式已有定义时，人们将元数据互操作问题集中在元数据结构、语义和编码规则的互操作上。数据内容的转换往往涉及词表转换甚至自然语言处理，目前的研究和应用还难以达到这种精度。正如前面指出，由于不同元数据格式根据不同需要和应用环境来定义，因此逻辑上必然存在语义的不一致，由此造成元数据互操作中的最大困难：语义转换。这将在下一章的讨论中涉及。元数据互操作的实现方法概括起来，主要包括：元数据转换（Metadata Crosswalks）、元数据复用（Metadata Reuse）、元数据开放搜寻（Metadata Harvest）等。

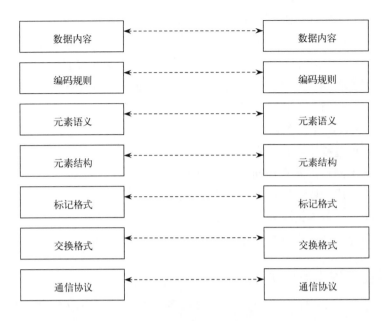

图 7.1　元数据互操作框架图

7.2　地球系统科学数据元数据互操作分析与实践

结合地学元数据互操作的特点，按照元数据互操作层次，从元数据内容、元数据转换、元数据复用和基于协议层的互操作四个方面，探讨地学元数据的互操作方法和技术。

7.2.1　基于核心元数据的互操作

核心元数据标准通过为数不多的元素来反映出科学数据的基本信息，它们一旦确定以后，在整个元数据扩展方案中始终处于相对稳定的状态。任何应用方案（Application profile）的元数据扩展都是基于这个模板，并且完全包含核心元数据。因此，在数据共享和目录交换体系中，核心元数据的完全一致性可以保证各个数据中心之间的元数据查询和目录交换体系的畅通和协调。

另外，核心元数据以外的一些元数据管理类型的元素项也可以为元数据互操作提供帮助。比如说，数据库访问信息、数据服务信息等内容。

不同元数据之间的互访，首先面对的就是查询问题。元数据查询是科学数据中心（网）为用户提供服务发现、服务访问和具体数据集内容服务的重要内容。通过元数据的查询，进而可以访问分布式的元数据以及数据集信息。

中国地球系统科学数据共享网中的元数据字典信息中，包含了一部分查询项。数据查询项已经在地学共享网的元数据中指出，包括核心元数据的部分内容和扩展的地学核心元数据中的部分内容。具体而言，包括三个方面，即查询"什么样的数据集？（What）"、"是哪里的数据集？（Where）"、"是什么时间的数据集？（When）"和"谁有这样的数据集？（Who）"。根据需要设定了以下查询内容，如表 7.1 所示。

表 7.1　地学数据交换中心查询条件项

查询目的	查询项	对应元数据元素
什么样的数据集	标题	Ime
	关键词	Geo. keywords
	摘要	Geo. abstract
	所属学科分类	Geo. subject
	所属专题分类	Geo. theme
哪里的数据集	数据集与目标区域相交	Geo. north, geo. south, geo. west, geo. east
	数据集被目标区域包含	Geo. north, geo. south, geo. west, geo. east
	数据集包含目标区域	Geo. north, geo. south, geo. west, geo. east
什么时间的数据集	数据集的起始时间	Geo. begin
	数据集的结束时间	Geo. end
	数据集发布时间	Geo. pubdate
	数据集更新时间	Geo. update
谁有这样的数据集	数据集生产者	Geo. publisher

为了保证这些查询项是可扩展的，它们被以 XML Schema 的形式管理起来，如下代码所示。

当前，元数据以 XML 进行编码表示，以关系化的方式进行存储是目前国际上及业界的一大趋势。为了提供核心元数据查询项检索的效率，在应用中把这些由 Schema 管理的查询字段单独保存在关系数据表中。这使得用户对元数据的检索由复杂的 XPath 解析，转化为简单的 SQL 查询。

```xml
<? xml version="1. 0" encoding="UTF−8"? >
<xs: schema targetNamespace="http://www. geodata. cn/xml/md/1. 0/" elementFormDefault="qualified" at-
tributeFormDefault="unqualified" xmlns：xs="http://www. w3. org/2001/XMLSchema" xmlns="http://
www. geodata. cn/xml/md/1. 0/">
    <xs: element name="geo" type="geoType"/>
    <xs: complexType name="geoType">
        <xs: sequence>
            <xs: element name="globalid" type="xs：string"/>
            <xs: element name="title" type="xs：string"/>
            <xs: element name="keywords" type="xs：string"/>
            <xs: element name="abstract" type="xs：string"/>
            <xs: element name="theme" type="xs：string"/>
            <xs: element name="subject" type="xs：string"/>
            <xs: element name="pubdate" type="xs：date"/>
            <xs: element name="update" type="xs：date" minOccurs="0"/>
            <xs: element name="west" type="xs：double" minOccurs="0"/>
            <xs: element name="east" type="xs：double" minOccurs="0"/>
            <xs: element name="south" type="xs：double" minOccurs="0"/>
            <xs: element name="north" type="xs：double" minOccurs="0"/>
            <xs: element name="producer" type="xs：string" minOccurs="0"/>
        </xs: sequence>
    </xs: complexType>
</xs: schema>
```

7.2.2 元数据转换互操作

（1）元数据转换的概念

元数据转换又称元数据映射，是指通过一定的映射模板，实现两个元数据格式间元素的直接转换。映射是元数据互操作最基本的方式，就是在两个元数据标准方案中找到具有相同功能或语义的元素集，在对应元素之间建立映射关系，从而实现表达对方的元数据。

元数据标准内容之间的映射互操作分为语义映射和结构映射两个方面。语义映射主要是针对不同的描述型元数据体系，例如 MARC/DC/EAD/TEI/IMS 等，提供数据元素对照表，近似地实现数据资源的"跨库"揭示。结构映射主要解决不同元数据包之间的对应关系，更多地表现为一种"格式转换"，例如将 RDF 转换成 XML Schema，或数据库支持的 Warwick 包的形式，以此来提供异构系统间的互操作。

映射可以采取动态和静态的方式。动态方式采用元数据转换中间件，将相应的查询请求中的有关内容转换成资源站点支持的元数据模型或可以识别的元数据格式，返回时再转换成本系统支持的元数据形式，以支持本系统的查询结果处理。静态转换类似于目前的搜索引擎，将资源站点的数字对象抓取到本地，按照本地的元数据模型建立索引，提供服务。抓取是为了尽可能多地保持原有系统的信息，应该按照原系统支持的结构化方式抓取，然后转换成本地的元数据形式存储。

（2）元数据转换的一般方法

作为一种基本的元数据互操作方案，映射已经得到广泛的支持、应用和发展，已经有相当多的国际元数据标准方案之间发展了单项、双向的映射，如当前已经有众多的元数据标准之间的映射方案，诸如，ADL 映射到 FGDC、MARC、GILS，DC、USMARC 映射到 EAD 以及 ISAD(G) 与 EAD 互相映射，DC、MARC、GILS 之间的互相映射，此外还有众多的元数据标准之间建立了所需的映射关系。

比较著名的 OAI 模型就是采用转接板的映射方案，它已用于多个应用系统之中。OAI (Open Archive Initiative)是一个旨在促进网络信息资源开发、发布与共享的一个合作组织，初衷是通过元数据采集(Metadata Harvesting)的方法实现电子出版(E－Print)团体内部系统的互操作。OAI 开放文档元数据采集协议(Open Archive Initiative Metadata Harvesting Protocol，OAI－MHP)的目标定位为支持对具有重要学术研究价值的多种数字资源的元数据采集，并在 2001 年先后发布了其协议的 1.0 和 1.1 版，中心的元数据方案被定为都柏林核心元数据 DC。

OAI 模型对于科学数据中心的元数据互操作是有借鉴作用的。比如说，地学数据共享元数据体系内的诸多元数据扩展方案可以实现很好的共享、互操作，但是对于体系以外的其他元数据之间的互操作当前仅提供了与有限几个标准之间的"映射"。映射方法支持互操作存在的不足在这里也是存在的，转接板(SwitchBoard)互操作模式是映射操作方案的进步，所以对于科学数据中心的元数据标准与行业以外标准之间的互操作，可以考虑采用转接板模式实现。

图 7.2 为映射方式实现元数据互操作的示意图，从左图可见，任何两种元数据标准之

间的映射方案是简约的，方便实现的；而右图则表明了在当前多个元数据标准的现实下，实现多个数据标准两两之间互操作映射方案是困难的：需要建设的互操作映射的数量将是巨大的。

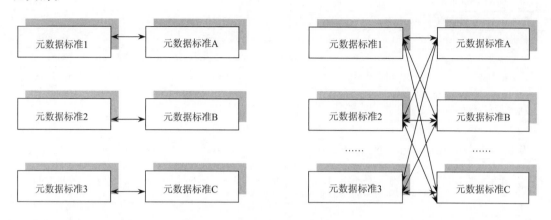

图 7.2　元数据标准之间的映射关系

多个元数据标准之间需要建立数据量庞大的两两映射，相当地复杂和麻烦，是映射方案的一大弊端。克服映射方案这种弊端发展而来的就是选择一种格式作为映射的中心，其他的格式都映射到该中心标准，经由该标准实现任何两个元数据方案的互操作，此为转接板方案，映射中心的元数据标准认为是其他元数据标准之间互操作的桥梁式转接板。与映射方案相比，转接板方案大大降低了互操作的复杂性，且参与映射的元数据标准越多，该方案的优势就越明显。当然，对于不同的情况，可以选择不同的元数据标准作为中心元数据标准。

OAI(Open Archive Initiative)模型就是采用转接板的映射方案。地学数据共享中的元数据映射方案就是以该模型为基础的，如图 7.3 右图所示。

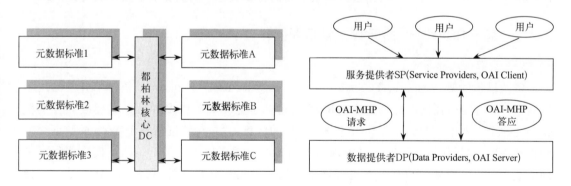

图 7.3　OAI 互操作模式图

（3）地学元数据的映射

参考元数据映射的 OAI 模型和转换板方案，建立地学元数据的映射关系。由于 DC 被 W3C 较早地接受，所以在许多行业和领域被广泛使用。因此在映射方案中选取 DC 为转接板。表 7.2 列举了部分地学核心元数据元素与 DC 标准之间的对应关系。同时，考虑到

FGDC 元数据标准在地学应用中的普遍性，该表也列举了与 FGDC 的对应关系。

表 7.2　地学核心元数据与 FGDC、DC 元数据的映射关系

Geo—core 元素	FGDC 元素	DC 元素
元数据文件标识(Mdfileid)		
数据集引用信息(citeinfo)	Distribution _ Information. Resource Description	Identifier
数据集作者(origin)	Distribution _ Information. Distributor. Contact Organization Primary	Contributor
数据集标题(restile)	Identification _ Information. Citation. Title	Title
数据集出版日期(pubdate) 数据集完成日期(resrefdate)	Identification _ Information. Citation. Publication _ Date	Date
数据集版权所有者(publish)	Identification _ Information. Standard _ Order _ Process. Fees	
数据表示方式(dpreform)	Identification _ Information. Citation. Geospatial Data Presentation Form	Type
在线连接(URL)	Distribution _ Information. Standard _ Order _ Process. Digital _ Format. Digital _ Transfer _ Option. Online _ Option. Computer _ Contact _ Information. Network Address	Identifier
数据集语种(datalang) 数据集字符集(datachar)		Language
数据集学科分类(tpcat)		Coverage
关键词(keyword)	Identification _ Information. Keywords	Subject and Keywords
数据集摘要(idabs) 数据集出版地(pubplace)	Description	Description
数据格式名称(fmname) 数据格式版本(formatver)	Distribution _ Information. Standard _ Order _ Process. Digital _ Form. Digital _ Transfer _ Information. Format Name	
数据集来源(statement)	Data _ Quality _ Information. Lineage. Source Information	Source

　　必须说明的是，最好的映射方案也只能是近似的，而且由于各种方案的角度/粒度不同，单纯平面的映射关系会带来很多歧义，有时甚至是不可行的，必须从更高层面——本体层次上寻找和建立这些不同元数据体系之间的相互关系，从而更好地建立映射关系。

7.2.3　基于 RDF/XML 的元数据复用互操作

　　(1) 资源描述框架

　　资源描述框架(Resource Description Framework，RDF)是在 W3C 领导下开发的用于元数据(Metadata)互操作性的标准。RDF 的目标是建立一个供多种元数据标准共存的框架。在这个框架中，能够充分利用各种元数据的优势，"并能够进行基于 Web 的数据交换和再利用"。这样使得元数据可以为网络上的各种应用提供一个基础结构，使应用程序之间能够在网络上交换元数据，以促进网络资源的自动化处理。简而言之，RDF 是一个使用 XML 语法来表达的简单元数据方案，用来描述网络资源的特性，及资源与资源之间的关系。

　　解决元数据互操作性的另一种思路是建立一个标准的资源描述框架，用这个框架来描述所有元数据格式，那么只要一个系统能够解析这个标准描述框架，就能解读相应的 Metadata 格式。实际上，XML 和 RDF 从不同角度起着类似的作用。XML 通过其标准的 DTD/Schema 定义方式，允许所有能够解读 XML 语句的系统辨识用 XML _ DTD/Schema

定义的 Metadata 格式，从而解决对不同格式的释读问题。

　　RDF 框架由三个部分组成：RDF 数据模型(Data Model)、RDF 模式(Schema)和 RDF 语法(Syntax)，如图 7.4 所示。RDF 模型由资源(Resources)、属性(Properties)和陈述(Statements)等三种对象组成，其中 Resources 和 Properties 关系类似于 E－R 模型，而 Statements 则对该关系进行具体描述。

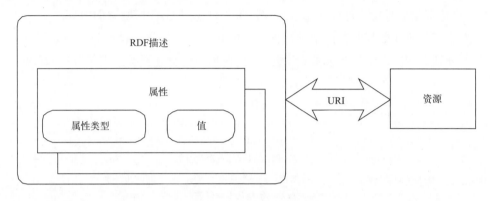

图 7.4　RDF 数据模型

　　RDF 采用简单的"资源—属性—值"三元组来描述资源，该三元组可以简化为一个有向图，并认为 RDF 模型是一组连接各节点的弧线，见图 7.4。在这些弧线(语句)中，三元组以更容易理解的"主—谓—宾"(Subject，Predicate，Object)形式组织，每个资源及每个文字都是一个顶点，一个三元组(S，P，O)是一个由 S 指到 O 的弧，以 P 标示起来。如要表达"中国西部地区森林资源数据集"的生产单位信息，则相应的三元组模型如图 7.5 所示。

图 7.5　RDF 三元组模型示例

```
<rdf：RDF
    xmlns：rdf='http：//www．w3．org/1999/02/22－rdf－syntax－ns#'
    xmlns：NS='http：//www．geodata．cn/geocore/'
    <rdf：Description rdf：about='中国西部地区森林资源数据集'>
    <NS：生产者>中国科学院地理科学与资源研究所</NS：生产者>
    </rdf：Description>
</rdf：RDF>
```

　　可见，使用 RDF 的主、谓、宾来描述一些简单事实，这样的典型例子可以像关系数据库中的一条记录一样。如果一个表中的两列对应于三元组中的主语和宾语，则该表的名字就可以理解为连接二者关系的谓语。

　　(2) 基于 RDF 模型的地学元数据表达

　　资源描述特性。我们可以看到，RDF 只定义了用于描述资源的框架，它并没有定义用哪些元数据来描述资源。这正是其高明之处。因为显然描述不同资源的元数据是不同的，而如果要定义一种元数据集，包括所有种类的资源，这在目前还是不现实的。

词汇集特性。RDF采用的是另外一种方法，即它允许任何人定义元数据来描述特定的资源，由于资源的属性不止一种，因此实际上一般是定义一个元数据集，这在RDF中被称作词汇集(Vocabulary)，词汇集也是一种资源，可以用URI来唯一地标识，这样，在用RDF描述资源的时候，可以使用各种词汇集，只要用URI指明它们即可。

这对于多学科元数据共存的地学数据交换中心而言，是非常有利的。例如可以利用地理学核心元数据和生态学核心元数据表达"中国西部地区森林资源数据集"这一资源。

```
<rdf：RDF
xmlns：rdf="http：//www. w3. org/1999/02/22－rdf－syntax－ns#
xmlns：geo=http：//www. geodata. cn/geocore /（地理学核心元数据命名空间）
xmlns：bio="http：//www. geodata. cn/biocore/"》（生态学核心元数据命名空间）
<rdf：Description about="中国西部地区森林资源数据集"》
<geo：publisher>中国科学院地理科学与资源研究所</geo：publisher>
<bio：purpose>森林生物量调查及气候变化影响研究</bio：purpose>
……
</rdf：Description>
```

"容器"特性。"容器"(Container)是RDF的一个重要概念，容器模型中提供了三种重要的对象：包对象(Bag)、序列对象(Sequence)和可选择对象(Alternative)，这三种对象非常适合于层次性和集合语义表现。Bag对象用于描述资源具有多个属性值的属性，而且属性值的先后顺序无关紧要；Sequence对象也用于描述资源的具有多个属性值的属性，但是属性值的先后顺序具有重要意义，比如属性值的字典排序；Alternative对象用于描述资源属性具有多个可选择属性值，比如同一个数据集具有多种语言的标题，易于实现不同语言间翻译和切换。

计算机可读性。利用RDF/XML表达的元数据与数据库表的性质是一样的，同样起着保存元数据内容的作用，但效果却是截然不同的。RDF/XML文档结构清晰，机器可读，并且具有很强的可扩展和交换性。通过可视化工具可清晰地展现该文档的结构，椭圆形节点表示资源(或主语)，矩形节点表示文本(属性值或宾语)，而弧段则表示其属性的Description(或谓语)。整个过程可以认为是一个声明。

置标语言的优势。数据资源Web共享的发展得益于置标语言的技术进步，因而，讨论和研究地学数据的Web共享技术有必要对置标语言的发展做一简要回顾。如图7.6所示，早期的SGML和HTML使得各种Web站点迅猛增加，极大地促进了数据资源在Internet上的服务和应用。W3C于1998年推荐的可扩展标记语言(XML)标准是置标语言发展的一个突破，它以优秀的表达和交换能力，迅速在不同的行业和领域发挥重要作用。需要指出的是RDF/XML并不是置标语言，它只是一种遵从XML语法规范的典型应用，但对于地学数据交换而言却有着重要的意义。

XML的最大特点是将信息的描述与信息的处理分开，使得数据具有自我描述能力。XML有很好的扩展性、开放性，而且具有可验证的特性等。XML的众多优势使其逐渐成

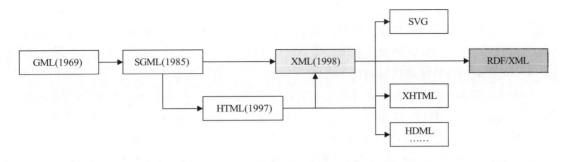

图 7.6　置标语言的发展过程

为网络世界的"国际语言"。

（3）RDF/XML 的元数据技术处理

由于 RDF 是采用 XML 编码的，因此在处理地学元数据的 RDF/XML 文件时，可以采用两个主要技术手段：

1）Jena 软件包技术

RDF 作为国际标准提出后，许多机构与组织开发出了丰富的可用性很强的工具，为 RDF 的开发和应用提供了强大的技术支持。例如我们准备采用的惠普实验室开发的程序包 Jena，其中就包括了各种自动生成 XML 文档的类与接口。相关内容可参考 Jena API，另外在下一章语义查询部分将会有更详细的介绍。

2）XML 数据处理技术

元数据的 XML 文档的内容与显示是分离的，把它的显示信息单独存放在 XSL 文件当中，可以增强系统的可扩展性和可维护性，为将来系统的升级改造打下良好的基础，而且这种数据信息和显示信息单独存放的方式，也实现了 MVC（Model View Control）的设计模式，体现出了很好的软件设计思想。

元数据的处理思想，可以通过 XML 中间层的关系表示出来，如图 7.7 所示：

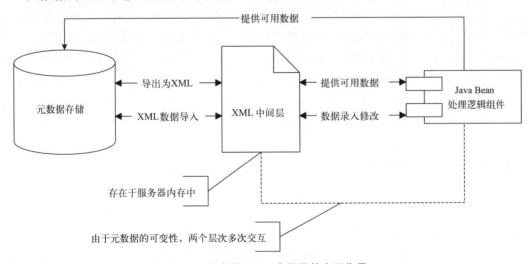

图 7.7　元数据 XML 中间层的交互作用

从上图可以看出，Java Bean 处理逻辑首先需要解析 Schema 文件，生成用来保存数据信息的 XML 文档模板和包含显示信息的 XSL 文档。之后当著录一条元数据的时候，系统就会实例化一个 XML 文档模板生成一个 XML 文件，保存录入的元数据信息。根据需要，一个 XML 文档模板可以被实例化多次。

包含有数据信息的 XML 文件和包含有显示信息的 XSL 文件在 Java Bean 处理逻辑控制下，通过 XSLT 处理可以转换为 HTML 文档在客户端显示出来，用于实现元数据的增加、删除和修改。需要注意的是增加、删除和修改的时候，要保持存储元数据的 XML"中间层"和后台同步，防止查询时得到"无效"的数据。对于元数据的查询，主要是通过系统后台服务器进行检索。相应的过程描述如图 7.8 所示。

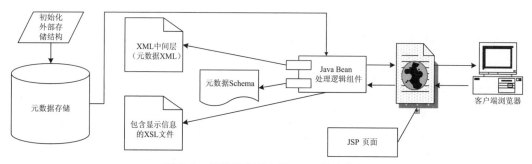

图 7.8　元数据管理中的 XML 处理流程

7.2.4　基于协议层的互操作

实现元数据互操作技术的经典协议就是 Z39.50 协议。Z39.50 协议的全称是 Informational Retrieval Service Definition and Protocol Specifications for Library Applications，它由一套用来控制和管理计算机之间通信过程中所涉及的格式和进程的规则所组成。Z39.50 又是一种开放网络平台上的应用层协议，它支持计算机使用一种标准的、相互可理解的方式进行通讯，并支持多种数据结构、内容、格式的系统之间的数据传输，实现异构平台异构系统之间的互联与查询。同时它还是一种基于网络的信息标准，它允许用户检索远程数据库，但不局限于检索书目数据，在理论上可用于检索各种类型的数据资源。Z39.50 目前的版本 3 已于 1996 年被 ISO（国际标准化组织）正式确定为信息检索的国际标准（ISO23950）。Z39.50 产生于图书馆界，最初的目的是为了提供联机公共书目数据检索。至今，图书馆界仍然是 Z39.50 的主要应用领域之一。在 Internet 上，存在着大量的 Z39.50 服务器，这些服务器连接着世界上许多大型图书馆的馆藏书目数据。用户只要采用一种基于 Z39.50 的检索软件就可以在自己的计算机上同时对世界上多种异构平台数据库进行检索，共享信息资源。

基于 Z39.50 协议的元数据互操作与服务体系结构可以通过图 6.3 来概括。图中客户端有两种，一种是采用 HTTP 协议，通过 HTTP 到 Z39.50 的网关把 HTTP 请求转换成 Z39.50 请求传递给各个节点服务器；一种是利用 Z39.50 协议直接与节点服务器通信的客户端。图中的节点注册表，是所有地理空间数据交换网节点服务器的一个列表，包含了各个服务器必需的连接参数。无论 HTTP－Z39.50 网关还是 Z39.50 客户端，在对节点服务器访问之前，都必须事先获取节点注册表中各服务器的连接信息。

Z39.50协议给元数据互操作带来了显而易见的优点，正是基于此FGDC的空间数据交换中心(Clearinghouse)正是采用这种构建模式。

但就地学元数据互操作而言，Z39.50的一个最主要的特点就是它的中立性，而这点恰恰支持了我们对异构、多源数据库的检索，为实现元数据服务打下了坚实的基础。但是通过第一章空间数据交换中心建设模式以及本节的分析，可以看到它的一些不足之处：

- Z39.50协议和Web网之间融合的障碍，主要是Z39.50协议和Web网所使用的Http协议是两种不同机制的协议。Http是一种无状态的协议，并不保存上一次执行的结果；而Z39.50是一种会话的、有状态的协议，即前面会话时所交换的信息可以被后面的会话使用。
- 协议的依赖过高，这同样也提高了数据共享的技术门槛，这为元数据的互操作上制造了一定障碍，因为实施中需要遵守Z39.50协议的客户端软件支撑。
- 服务模式单一，用户只能通过元数据网关的服务注册，没有利用现有的Web Service技术提高服务的能力和灵活性。

7.3　元数据互操作Web Service技术研究

7.3.1　面向Web Service的技术分析

Web Service是一个崭新的分布式计算模型，它是以XML为主的、开放的Web规范技术，解决在Internet下松散耦合的Web服务之间的互相调用、互相集成而设计的技术框架，具有完好的封装性和松散耦合性。它的主要目标就是在现有的各种异构平台的基础上构筑一个通用的与平台和语言无关的技术层，各种不同的平台之上的应用依靠这个技术层来实现彼此的连接和集成。

Web Services具有广阔的应用前景，Web Services代表了一个具有革命性的，基于标准的框架结构，它可以让各种的在线的数据处理系统和网络服务之间无缝地集成。它可以让分布式的数据处理系统使用目前广为流行的技术，例如XML和HTTP来通过Web进行互相通讯。它提供了与厂商无关的，可互操作的框架结构来对多源、异构的网络数据资源进行基于Web的数据发现、数据处理、集成、分析、决策支持和可视化表现。

Web Services平台可以被形象地比喻为一个自由的市场经济。在这个市场中的所有人既可以是卖主，又可以是消费者。因此，Web Service的提供者既可以提供数据处理功能的服务器，也可以是这些服务器的客户端。因此，从这种意义上讲，Web Services提供可互操作的、开放的、动态链接的信息服务网络体系平台。

(1) Web服务模型

Web服务使用SOA(面向服务的架构，Service Oriented Architecture)架构。该架构由三个参与者和三个基本操作构成，如图7.10所示。三个参与者分别是服务提供者(Service

Provider)、服务请求者(Service Requester)和服务代理(Service Broker)，而三个基本操作分别为发布(Publish)、查找(Find)和绑定(Bind)。服务提供者将它的服务发布到服务代理的一个目录上；当服务请求者需要调用该服务时，它首先到服务代理提供的目录上去搜索该服务，得到如何调用该服务的信息，然后根据这些信息去调用服务提供者发布的服务。在 Web 服务体系中，使用 WSDL 来描述服务，UDDI 来发布、查找服务，而 SOAP 用来执行服务调用。正在定义中的 WSFL 则将分散的、功能单一的 Web 服务组织成一个复杂的有机应用。

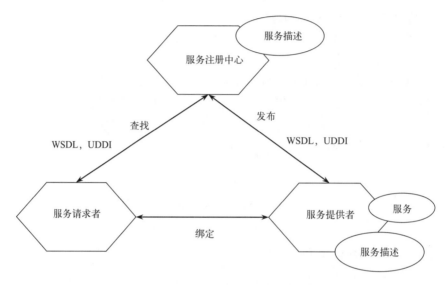

图 7.10　Web 服务的三层模型

（2）Web 服务对元数据应用的影响

Web 服务(Web Service)是一个可以通过 Web 远程调用的方法。Web 服务不同于传统的基于内容的 Internet 服务，本质区别在于：基于内容的服务提供的是 Web 页面，这些页面可能是存储在服务的静态 HTML 文档，也可能是由服务器应用程序动态生成的，页面是显示客户的浏览器中供人工阅读的；而 Web 服务提供的是远程应用程序服务，客户的请求以 XML 的形式发送到服务器，服务器把处理的结果也以 XML 的形式返回给客户程序，提供 Web 服务的站点叫作服务型 Web(Service Web)。举例来说，某些搜索引擎，如 Google，可以翻译 Web 页面的内容。翻译工作是通过安装在搜索引擎服务器上的软件完成的。如果我们要搭建一个新的具有同样翻译能力的 Web 站点，就需要购买或自己编写一个同样的翻译软件并安装到我们的服务器，以便我们的 Web 应用程序可以调用。现在，可以建立一个提供翻译服务的专职网站，我们可以通过 XML 请求调用该站点的服务，而无须获得一份翻译程序的本地拷贝。这个专门提供翻译服务的站点就是一个 Service Web。

正是由于 Web 服务采取简单的、易于理解的标准 Web 协议作为组件界面描述和协同描述规范，完全屏蔽了不同软件平台的差异，无论是 CORBA、DCOM 还是 EJB 都可以通过这一种标准的协议进行互操作，实现了在当前环境下最高的可集成性。再加上其良好的封装性、松散耦合、使用协约的规范性等，这都为地学元数据的互操作提供了思路和帮助。

7.3.2　ZING 标准的提出

Z39.50 协议的繁琐和晦涩，在一定程度上影响到了它在更多领域的应用。一部分 Z39.50 的实施者开始讨论对 Z39.50 标准的改造。讨论始于在 2000 年 12 月的 ZIG(Z39.50 Implementers Group)会议并持续至今。2001 年 6 月的 ZIG 会议上，一些 ZIG 成员提出了以 Web 服务方式实现 Z39.50 的一些规范，这些规范的基础是 Z39.50 和包括 XML、SOAP、URI 和 HTTP 的 Web 技术。这些规范被称作 ZING (Z39.50 International：Next Generation)，意为"下一代 Z39.50"。

新标准的目的是发展一个轻量级检索服务标准，并可以通过新标准整合地访问不同的网络资源。更明确地说，新标准是在保留 Z39.50 标准近 20 年积累的知识成果的基础上，减少实施的技术难度，并淘汰没用的和没有意义的方面。

在 ZING 中起到关键作用的查询与检索 Web 服务(Search Retrieve Web Service，SRW)。SRW 结合了 Z39.50 的查询(Search)和提取(Present)两个服务，直接将它们结合定义一个成为一个 Search Retrieve 对，一个 Web 服务只能处理一种形式的请求。换句话说，SRW 就是以 Web 服务方式实现 Z39.50 的功能。

(1) SRW/U 定义的规范(Specification)

1) 服务定义(Service Definition)

SRW/U 服务定义包括两种参数：请求参数和响应参数。请求参数(Request Parameters)定义了以下几种：a. SessionId。可选。客户端可不坚持这个参数。b. CqlString。可选。如果提供这个参数，则省略 resultSet ID 参数；如果 cqlString 和 resultSet ID 都省略，则请求的是解释记录。c. Sort Key(s)。如果提供 cqlString，则指的是期望的结果集顺序；如果提供的是 resultSet Id，则是一个用以排序指定的结果集的请求。d. ResultSet Id。可选。如果提供则是请求指定结果集记录的。ResultSet Id 是来自服务器以前响应的。e. requestRecords。可选。它包括两个参数，startRecord(开始记录)和 maximumRecords(最大记录)。如果省略 startRecord，则缺省值为 1；如果省略 maximumRecords，则由服务器决定返回的记录数。如果客户端不要求返回记录，则 maximumRecords 提供一个 0 值。f. RecordSchema。可选。如果不需要记录，则省略该参数；一旦省略这个参数，则服务器使用默认的记录模式。响应参数(Response Parameters)：a. SessionId。可选。包括两个参数，Id 和 idleTime (空闲时间)。客户端和服务器端都可以不需要这个参数。b. QueryStatus。c. ResultSet。它包括以下几个参数：resultSet Id、resultSet IdleTime、resultSetStatus、numberOfRecords、Records、diagnostics。排序参数(Sort parameter)：可按升序和降序排列。

2) 结果集模型(Result Set Model)

从逻辑上来说，结果集是款目的有序列表，每个款目都是一个指向数据库记录的指针。数据库的记录是用提问(query)来识别的。一个结果集是一个局部数据库结构，是一个指向记录的有序的指针列表，是不传递的，但结果集中的记录是传递的。实际上，服务器端维护的结果集是对客户端提问结果的处理，客户端可以按照某个特定的模式来请求给定结果集的记录，结果集的记录排序可不按事先设定的顺序进行。排序时，客户端提供一个创建结果集的排序参数，或者请求一个已排序的结果集。

结果集是服务器应一个 SRW/U 请求而创建的。服务器端提供一个 resultSet Id 和一个可选的 SessionId。

在服务器端提供这两个参数时，可附随一个"idletime"（非活动计时器）。在结果集的"idletime"内，若没有任何请求访问结果集，则这个结果集会自动消失。例如，假设 idle-time＝10 分钟，这意味着服务器把这个结果集保存 10 分钟，一旦超过这个时间，则结果集自动消失。

3）CQL 语法

CQL(common query language)，即通用提问语言语法，详细定义了 cql－query、and－expr、not－expr、base－expr，以及 Sentence－expr 和 Literal text 等等。在 cql 语法的定义中，还特别说明了"％"和"！"的用法，解释了双引号中字符的用法。而且，为不至于与自然语言引起混乱，cql 列出了保留字，如 and、or、not、sameParagraph、sameSentence、fuzzzy、stem、relevance 和 result Set 等。

4）WSDL 定义

WSDL，Web Services Description Language，是一种 XML 格式，它把网络服务描述成有关消息的结点操作集合，这些消息包含面向文档的或面向过程的信息。它定义一个结点时，先抽象地描述操作(operation)和消息(messgaes)，然后把这些操作和消息绑定到具体的网络协议和消息格式中。WSDL 在定义网络服务时使用下列元素：Types（类型）、Message（消息）、Operation（操作）、Port Type（端口类型）、Binding（绑定）、Port（端口）和 Service（服务）。

5）请求/响应模式(Request/ Response Schema，RS)

需要说明的是 SRU (search retrieval URI service) 可以说是 SRW 的简化版，不同的是：SRW 的消息是通过 HTTP POST 方法发送的 XML/SOA P/RPC 消息。而 SRU 不使用 SOAP，它的请求消息是通过 HTTP GET 发送的，参数包含在 URL 里。例如：

http：//www. geodata. cn? query＝test＆maximumRecords＝10＆recordSchema＝dc_record

（2）SRW/U 保留的 Z39. 50 的特征

1）结果集　服务器执行完一条查询后，将产生一个记录集，并可以将记录集的名字包含在响应中返回给客户。与经典 Z39.50 不同的是：由服务对结果集命名，而不是客户。如果服务器不打算保留结果集以备后用，它将不会在响应中提供结果集名。客户如果想在后续的请求中获得这个结果集，可以在请求中包含同样的 CQL 查询语句，也可以 CQL 查询语句中包含服务器提供的结果集名。

经典 Z39. 50 中，客户与服务器的交互过程的状态在一个 Z 连接（也就是一个会话）中是保持的。在同一个 Z 连接里，除非客户提出删除请求，结果集始终保存在服务器端，后续的请求可以继续使用结果集。如果客户没有提出永久保存结果集，在 Z 连接关闭时，所有的结果集都将被删除。换言之，在 Z39.50 中，结果集有明确的生存期，就是从服务器依据查询生成结果集，到 Z 连接的关闭——会话的结束。而 SRW 是无连接、无会话的，SRW 不能像 Z39.50 那样确定结果集的生存期，所以 SRW 使用一种简单的方法，就是规定每个结果集的生存期。在每个"查询/检索"响应中，服务器会包含一个"结果集闲置时间"(Result set idle time)的参数，用以指出服务器保留结果集的时间。在这个期限那结果集可以被引用。一旦一个结果集被客户的请求引用，服务器会重新指定这个结果集的有效期。因为 SRW 是无连接、无会话的，服务器不区分请求来自哪个客户，所以，在结果集有效的期间，它可以被后续所有的请求引用，不论这个结果集是否是来自同一客户的查询产生的。

2) 抽象检索点　使用抽象检索点是 Z39.50 精髓和主要优势之一。SRW 保留了这个特性。已经定义的抽象检索点的集合有：DC(都柏林 core)，bath 等。

3) 记录规格　Z39.50 支持多种记录语法，包括各种 MARC、SUTRS(简单非结构化记录语法)等。SRW 只有一种记录语法，就是 XML，但是支持多种 XML Schema(规格)。客户可以在请求中指定返回记录的格式，也就是 Schema。客户甚至可以指定与 Schema 相关的样式表。

4) 诊断信息　SRW 保留了 Z39.50 的诊断信息功能。但是没有保留底层状态的诊断信息，仅是提供应用层级别的诊断信息。

(3) SRW 不同于 Z39.50 的特征

1) 不同的 Z39.50 服务定义成不同的 Web 服务　在经典 Z39.50 中不同的服务是在一个协议过程中进行的。而 SRW 的本质是 Web 服务，需要将不同的功能发布成不同的 Web 服务。

2) 结合了查询和提取服务　将查询和提取合并成一个"查询/检索"服务出于两点考虑：首先，查询和检索是紧密联系，相互联系的关系，出于简化的目的，将两者合并；其次，SRW 虽然保留了 Z39.50 中结果集的概念，但是由于 SRW 没有连接、会话的概念，不能确保处理查询语句生成的结果集被正确地提取。所以必须将查询和提取操作合并。因此，"查询/检索"的请求的参数中既要包括查询语句又要包括关于结果提取的参数。

3) 连接，会话，状态　SRW 中没有明确的连接，会话和状态的概念。每一次通过对查询/检索服务的调用都是一对请求/响应的消息序列，这些消息是通过 HTTP 的 POST 方法发送的 XML/SOAP/RPC 消息。不同的调用之间没有任何关系，尽管后续的请求可以使用前面请求产生的结果集，但是这是有服务端应用程序保证的，而非由协议保证。

4) 不区分服务器和数据库　SRW 不区分服务器和数据库，实际上数据库的区别不过是不同的查询条件罢了，而这属于查询语句的一部分。经典 Z39.50 中的数据库的概念是生硬分离出来的，而起增加了标准地复杂性，可以摒弃。这样将大大地简化标准，例如解释服务可以明显地简化。

5）单一的记录语法　　所有检索得到的 SRW 记录都使用单一的记录语法，也就是 XML。但是将支持多种 XML Schema，包括：都柏林 core 和 MarcXML 等。

6）字符串检索式　　SRW 定义了一种叫作 CQL(Common Query Language)的字符串查询表达式。

7）单层检索点　　SRW 定义的检索点不具有层次关系。

8）静态解释　　Z39.50 的解释服务是提供解释数据库，由用户检索获得解释信息。由于 SRW 在很多地方简化了 Z39.50，尤其是摒弃了 Z39.50 多种记录语法的特征和多数据库的概念，SRW 的解释功能极大地简化了，SRW 中的解释信息将是静态的，客户获得解释信息同样需要发送一个"查询/检索"请求，因为没有其他形式的请求消息。

SRW/U 作为下一代 Z39.50 计划成员之一，它不是对 Z39.50－1995 版的更新和替代，而是一种在继承原有 Z39.50 标准合理成分的基础上建立的全新的体系。SRW/U 的成熟和发展，最终不会简单地取代原有 Z39.50 标准，而很可能会与原有 Z39.50 标准共同发展，在不同的领域发挥作用。SRW/U 实施更简单，更具有市场潜力，更有希望推广到商业信息检索领域。而经典 Z39.50 将继续应用于图书馆等文献信息领域。另外，SRW/U 与原有 Z39.50 显然是不兼容的体系。具有不同的数据结构和不同的通信方式，SRW 客户不能直接获得 Z39.50 资源。但是，可以利用 SRW 建立与现有 Z39.50 服务器的网关，从而扩展已有 Z39.50 服务器的服务范围。

7.4　元数据查询服务设计与开发

7.4.1　元数据查询服务的建立

地学数据资源分散于数以万计的服务器上，依靠元数据的发现能力可以互相交换信息。但随着分布式服务体系的扩大和用户对一站式数据服务的要求，这就需要有一个针对分布式数据网络的元数据网络查询检索功能。这是元数据互操作的重要内容之一。

元数据的网络查询既不完全等同于关系型数据检索，也不同于一般的网络搜索引擎常用的全文检索。元数据是非结构化的，关系型数据的索引机制不能很好地适应元数据的不稳定结构。另一方面，元数据在信息组织上又存在数据域（描述元素）的划分，采用全文检索机制则不利于通过数据域的区分来减小查询命中范围。

因此，要实现地学元数据的分布式查询需要，相应的网络查询服务必须遵循一种通用的协议实现对元数据的网络搜索的提取。地学元数据查询服务（Geosciences Search/Retrieve Web service，GSRW）正是基于 ZING 标准协议与 Web Service 技术实现分布式的网络查询服务。通过 GSRW 可以建立高效的数据目录服务，进而通过数据目录提供的元数据信息，通过数据访问服务获取数据。

GSRW 的基本功能就是为了满足数据目录不同用户的需要所应提供的功能，包括：

• 元数据信息查询功能
• 元数据信息的浏览功能

- 元数据引用功能
- 目录信息的生成功能
- 目录条目管理功能

（1）GSRW 的技术结构设计

GSRW 的构建是以 Web Services 技术为依托，并且以 ZING 标准化工作下的多项推荐标准为参考进行设计。对于一个具体的目录服务，它的技术结构如图 7.10 所示。

由图可见，对于一个具体的元数据 SRW 的查询过程：首先通过客户端向目录服务提交查询请求；元数据查询服务解释该查询语句，查询语句是针对目录信息的逻辑模式的，需要把对元数据的查询操作转化为对元数据物理存储的查询操作，获取目录信息；然后再将本地形式的目录信息转化为标准目录信息结果集，并将该标准化形式表达的目录形式结果集返回给客户。

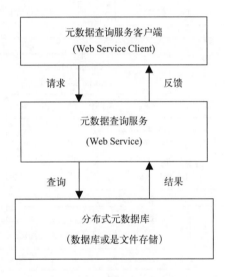

图 7.10　单个目录服务的技术结构

要实现上述执行过程，必须有三个必要的标准化信息，第一是地学元数据 SRW 的查询语言，第二是特殊查询目录的逻辑模式，最后是查询结果的表达形式。其中最为关键的是标准化的 SRW 查询语言。GSRW 的查询语言的设计是以 CQL 为参照的，由于具有目录服务的要求，因此这里可以简化为 C-QL(Catalog Query Language)。

GSRW 按照功能要求可以进一步分隔为粒度更小的子服务，主要有：元数据存储服务、元数据索引服务、元数据查询服务。子服务的设计要求如下：

1）元数据存储服务主要是考虑基于数据库进行构建，可以通过将元数据的内容映射到数据库的表中来实现；

2）元数据索引建立在数据库引擎的基础上；

3）元数据查询服务的实现是以数据库查询功能为依托，将对元数据的查询转化为数据库查询来实现 GSRW。

（2）GSRW 的软件结构设计

GSRW 在软件上涉及四个层次，即 Web 客户端层次、Web Server 层次、Web Services 中间件层次和数据库服务层次。Web 客户端层次为元数据查询用户提供各种界面，主要是目录查询界面、目录内容管理和维护界面；Web Server 层次是与各种 Web 客户界面相对应的，是这些客户界面服务器端逻辑的实现，这些服务器端逻辑的实现是采用 Java Servlet 和 JSP 技术，并以 Apache HTTP Server 和 Apache Tomcat Java Web Server 为 Web 平台；Web Services 中间件层次提供 Web Services 基础设施，并以此基础设施为基础，实现元数据查询服务功能的 Web Service，Web Services 基础设施基于 Apache Axis；数据库服务层提供元数据的存储和底层查询功能，是以 Oracle 数据库为基础来实现，数据库通信采用 JDBC 技术，查询基于通用的 SQL 语言。GSRW 的基本结构如图 7.11 所示。

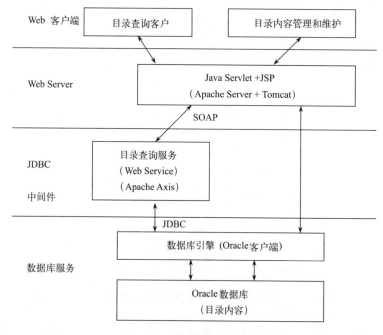

图 7.11　GSRW 的基本结构

（3）GSRW 信息流程

GSRW 的信息流程中，客户查询目录服务所采用的是 C-QL（Catalog Query Language）语言，而 C-QL 语言直接操作的对象并不是存储在数据库中的数据内容，也就是说不是元数据内容的物理模式，而是逻辑模式。服务将 C-QL 查询语句转化为针对数据库目录内容操作的 SQL 语句，从而获取元数据目录内容，将该内容转化为标准的结果集返回给最终查询用户，并且通过 Web 页面的方式呈现给用户。图 7.12 显示了 GSRW 的信息流程示意图。

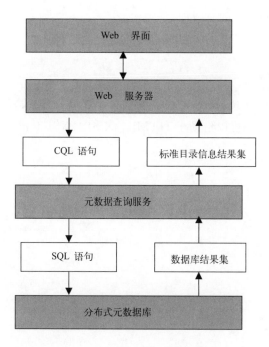

图 7.12　GSRW 信息流程示意图

7.4.2　地学元数据查询服务的实现

根据上文的设计，借助于 Web Service 技术、ZING 规范、XML 技术、Java Bean 技术等构建了 GSRW 的服务体系。相应的查询流程见图 7.11 所示，其具体的技术环节包括以下四个步骤。

（1）查询服务的建立

首先按 ZING 标准建立元数据查询服务。

（2）发送查询请求

查询请求包括以下参数：

Query：查询语句，GSRW 使用 CQL 查询语句，例如 request. setQuery（"（（geo. title ＝地形图ʻ）and（geo. keywords＝＊地形＊））"；//这条语句意为向元数据库请求符合以下条件的记录——"数据集标题的后三个字是'地形图'，并且数据集的关键词包含'地形'"。

Authentication Token：鉴别标记。

Sort Spec：排序参数。

Start Record，maximum Records，record Schema。记录数限制。

以上是查询的全部参数，只有 query 是必选的，其他参数都是可选的。

（3）查询的响应

一个查询/检索响应（Search/Retrieve Response）包含如下参数：

Number Of Records：记录数。

Authentication Token：鉴别标记

At Idle Time：鉴别标记的有效期

ResultSet Id 和 rs Idle Time：结果集名和结果集有效期

Records：记录。

Diagnostics：诊断信息。

在响应中，number Of Records 是必需的参数，其他的参数是可选的。

（4）查询结果的显示。可以借助于 HTML、XML、XSLT 技术实现。

第8章 地球系统科学数据
质量评价过程与方法

不确定性与数据质量是科学研究的前沿和热点问题，也是数据整合与集成中的关键问题。缺少准确可信的数据质量评价结果，对于数据交换、共享和使用都造成不利影响。由于地学数据具有典型的学科多样性和类型复杂性，本章将以国家地球系统科学数据共享平台为背景，介绍地学数据质量评价的过程、方法和技术。

8.1 数据质量评价的问题和现状

8.1.1 数据质量问题

由于空间现象自身存在的不稳定性、人类认识和表达能力的局限性以及空间数据在处理和使用中的变异，使得人们对现实世界的抽象和表达总是存在误差。如何对共享数据资源进行全面、准确、科学的描述、度量和评价，是数据生产者和科学家们共同关注的问题。缺少数据质量评价和控制的共享数据，是没有共享意义的。正如 Abler(1987)曾评价过生产这些无质量控制和评价措施的 GIS 系统为"能以相当快的速度生产垃圾，而这些垃圾看起来似乎是精美无比的"。

从数据格式上来划分，地学数据可分为矢量数据、栅格数据、属性数据、文本数据等。其中，栅格格网数据是一种典型的地学空间数据，由于它是按一定的数学规则对地球表面进行划分而形成的格网，并且每个格网所对应的数值能够反映该格网所含事物的属性，所以极易于地理信息的表达和分析。但是栅格格网数据的质量优劣关系到空间分析和操作的准确度，关系到各种空间决策支持的正确性和可靠性。

作为国家科技基础条件平台的组成部分之一，地球系统科学数据共享平台积累了量的栅格数据产品。这些按一定时空分布和长时间序列的栅格格网数据不仅可以为地球系统科学研究提供服务，同时也为数字地球、数字城市、电子政务等空间信息基础设施建设提供支撑。尽管当前这些栅格数据的总量很大，而有明确数据质量说明的却很有限。

本章将以地学栅格数据为主要研究对象，研究数据评价模型、评价因素和评价方法，以期对科学研究数据的共享和二次开发利用提供质量保证，并为其他类型的数据资源提供质量控制和评价提供借鉴和参考。

8.1.2 数据质量评价进展

科学数据的质量评价是基于某一公共基准的相对概念，因此它实际上也可以认为是一项标准化的工作。当前数据质量评价的研究进展，可以从国际、国内有关地学数据质量标准的研究状况来反映。

(1) 国际地学数据质量标准制定情况

国际地学数据质量标准的研究进展，当属国际标准化组织(ISO)制定的相关标准最具代表性。ISO 地理信息技术委员会(TC 211)主要负责地学相关标准的制定。该委员会正在研究和制定的标准多达 40 余项。其中，与数据质量相关性紧密且具有代表性的包括以下五个标准。

- ISO 19113 地理信息 质量基本元素(Geographic information — Quality principles)
- ISO 19114 地理信息 质量评价程序(Geographic information — Quality evaluation procedurs)
- ISO 19115 地理信息 元数据(Geographic information — Metadata)
- ISO 19138 地理信息 数据质量度量(Geographic information — Data quality measures)
- ISO 19139 地理信息 元数据 执行规范(Geographic information — Metadata－Implementation specifications)

另外，ISO 其他技术委员会以及其他国家和组织也制定了相关的数据质量标准，简要地列举如下：

- 国际标准化组织微束分析技术委员会(ISO/TC202)
- 国际标准化组织电子探针分析技术委员会(ISO/TC202/SC2)
- 国际标准化组织水文测验技术委员会(ISO/TC113)
- The European Committee for Standardisation (CEN) Technical Committee for Geographic Information (CEN/TC 287)
- The Association for Geographic Information (AGI)
- The Environmental Data Standards Council (EDSC or Council)等。

(2) 国内地学数据质量标准的研究与制定

国内根据应用和研究的需要，在参照国际标准的基础上，也对一些急需的数据质量相关标准进行了研究、制定、发布和实施。简要地列举如下：

- 地理网格，GB/T 12409—2009
- 国土基础信息数据分类与代码，GB/T 13923—1992
- 全球定位系统(GPS)测量规范，GB/T 18314—2001
- 数字测绘产品质量要求 第一部分：数字线划地形图、数字高程模型质量要求，GB/T 17941.1—2000
- 数字测绘产品检查验收和质量评定，GB/T 18316—2001
- 地质矿产勘查测量规范，GB/T 18341—2001，等。

这些标准在一些生产实践中发挥了作用，但就科学数据共享而言，是远远不够的。科学数据整合和集成中的许多数据质量评价问题还没有得到解决，尤其是在可操作和实施层面。对于地学数据而言，最突出的问题包括以下三个。即(1)地学数据质量评价的过程、框架和模型是什么？(2)地学数据质量评价的因素是什么？(3)地学数据质量评价的方法和技术是什么？这也正是本章力图解决的主要问题。

8.2　栅格格网数据质量评价过程

数据质量评价过程是从评价行为发生之初到产出质量评价结果或质量报告期间的系列操作的有序集合，是数据集生产者和数据集用户将质量评价程序应用于数据集并最终获取目标数据集质量状态的过程。

质量评价活动可以根据需要发生在数据生命流程的各个不同阶段，虽然每个阶段均由于其资源类型、特点、需求和目标等的差异而有不同的质量评价要求，但所有的质量评价活动均可以按照一定的步骤开展。

地学栅格数据质量评价过程共分为五个步骤(王卷乐和陈沈斌，2006)。即确定质量评价元素和维度、确定数据质量的量度方法、确定和选择数据质量检查方法、质量测评、产生质量评价报告。如图 8.1 所示。

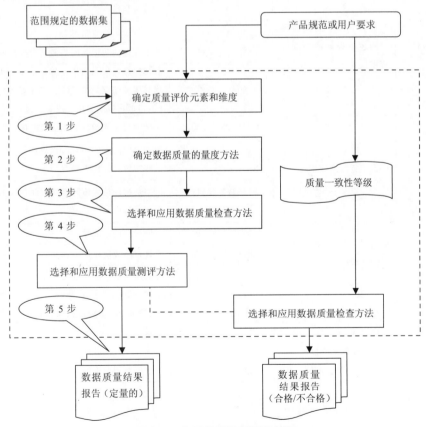

图 8.1　空间数据质量评价过程

8.2.1 确定质量评价元素和维度

质量元素和质量维度是数据质量控制和评价的内容。质量元素说明了数据质量生命流程控制过程中每个阶段应该控制和保证、评估的内容。数据质量元素分为两类：数据质量的定量元素和数据质量的非定量元素。

- 数据质量定量元素，包括数据质量定量元素子元素，共同描述数据集满足预先设定的质量标准要求及指标的程度，并提供定量的质量信息。
- 数据质量非定量元素提供综述性的、非定量的质量信息。

质量维度则是质量元素在实现质量目标时质量活动的具体侧面，如正确性、完整性、一致性等。

例如，ISO 19113 中规定了数据质量的定量元素和非定量元素。如表 8.1、表 8.2 所示。

表 8.1 ISO 19113 地理信息定量质量的描述

数据质量元素	描述	数据质量子元素	描述
完整性	要素、要素属性和要素关系的存在和缺失	多余	数据集中多余数据的情况
		遗漏	数据集中遗漏数据的情况
逻辑一致性	与数据结构、属性及关系的逻辑规则的一致性程度	概念一致性	与概念模式规则的符合程度：如与数据库设计的符合程度
		值域一致性	值对值域的符合情况
		格式一致性	数据存储同数据集的物理结构匹配程度
		拓扑一致性	数据集显式编码的拓扑特征的准确度：如多边形封闭、结点关系正确、实体相关位置正确等（不同地质体的邻接、压盖关系）
空间精度	要素位置的准确度	绝对或外部准确度	坐标值与接受为真值或真值的接近程度
		相对或内部准确度	数据集中要素的相对位置与接受为真值或真实的相对位置的接近程度
		网格数据位置的准确度	网格数据的位置值与接受为真值或真值的接近程度
时间精度	要素时间属性和时间关系的准确度	时间度量的准确度	时间参照的正确性
		时间的一致性	事件排序或次序的一致性
		时间的有效性	有关时间数据的有效性
专题精度	定量属性的精度、定性属性以及要素及其相互关系分类的准确度	分类的正确性	要素及其属性被划分的类别或等级，同实际（或参考）值（例如地表真值或参考数据集）的比较
		定性属性精度	定性属性的正确性
		定量属性精度	定量属性的准确度

表 8.2 　ISO 19113 地理信息非定量质量的描述

概述性质量元素	描述	子元素	描述
目的	生成数据集的原因及其预期用途		
用途	说明数据集已经实现的应用		
数据志	数据集的历史。描述数据集从采集与获取，关键的处理过程与方法直至其当前形式的生命周期	数据源过程步骤或历史信息	生成数据集的原始数据描述在数据集的生命周期内的事件或变化

ISO 19113 所提供的数据质量描述信息是描述具体数据的数据质量信息的基本原则，在实际应用中应根据具体数据的特点确定数据质量元素与子元素。三个非定量的质量元素对所有的数据都是必选的；有些数据的质量并不需要用上述所有元素来描述；根据需要可扩充新的质量元素与子元素。

数据质量的常用维度如表 8.3 所示。

表 8.3 　常用数据质量元素维度

DQ 元素〔英〕	DQ 元素〔中〕	DQ 元素〔英〕	DQ 元素〔中〕
Accessibility	可获取性	Objectivity	客观性
Believability	可信度	Relevancy	相关度
Completeness	完整性	Reputation	好评度
Concise Representation	简练表示	Security	安全度
Consistent Representation	一致性表示	Timeliness	时间性
Ease of Manipulation	易用度	Understandability	可理解性
Free—of—Error	正确度	Value—added	增值性
Interpretability	可解释性		

8.2.2 　确定数据质量的量度方法

在确定数据质量元素和维度的基础上根据学科特点和实际需要组织确定上述质量对象的评测质量范围、测度及其实现方法。

对于数据质量元素，其分属于各自对应的生命流程阶段，所以在对应生命流程阶段中其适用范围是相对固定的，且其在对应的生命阶段内的测度和实现方法也相对明确。而数据质量维度可以适用于数据对象所归属的数据集系列、数据集内具有某些相同特征的子集，该数据集，若数据质量范围不能被识别，则其数据质量范围为该数据集。在同一数据集内，质量内容和对象也可有所不同。故对每个可用数据质量对象，应当识别多个数据质量范围，以便更全面地描述其质量信息。

数据质量对象在确定其对象范围后，应该根据每个数据对象的特点，确定其测度及其实现方法，对于不同的数据对象一般是存在不同的测度，以及需要不同的实现方法支持，所以应该根据质量对象的特点确定其测度和实现方法。

8.2.3 确定质量测度与方法

质量测评方法包括直接评价方法和间接评价方法。直接评价方法是通过对数据集抽样并将抽样数据与各项参考信息（评价指标）进行比较，最后统计得出数据质量结果；间接评价方法则是根据数据源的质量和数据的处理过程推断其数据质量结果，其中要用到各种误差传播数学模型。

间接评价方法是从已知的数据质量计算推断未知的数据质量水平，某些情况下还可避免直接评价中繁琐的数据抽样工作，效率较高。针对数据质量的间接评价，不少学者基于概率论、模糊数学、证据数学理论和空间统计理论等提出了一些误差传播数学模型，但这些模型的应用必须满足一些适用条件，总的来说，要想广泛准确地应用这些误差传播的数据模型来计算数据质量的结果，目前还存在较大难度，因此，间接的评价方法目前应用还较少。在数据质量的评价实践中，国内应用较多的是直接评价方法。

（1）缺陷扣分法

在我国已有的一些数据质量标准中，直接评价方法大多使用缺陷扣分法，这种方法既有利也有弊。我国的缺陷扣分法包含了对数据中的不同类型错误或误差按照其对数据质量影响程度的大小进行加权统计的思想，虽然在缺陷级别个数的设置和各缺陷级别的扣分量的设置上存在较大的灵活性，但应用范围较广，适用于各种类型的数据质量评价。

该方法操作的难度主要在于数据质量评价指标的制定上，一方面，错误类型繁多，多个相同类型的错误一起才可以记作一个某级别缺陷，这需要多次实验才能得出一个合适的值；另一方面，每种缺陷对应的扣分数量取多少合适，也需要多次实验才能得出结论。

（2）ISO/TC211 的加权平均法

ISO/TC211 的加权平均法也属于数据质量直接评价的方法。该方法的实现过程是首先选择适用的数据质量元素和子元素，并将数据集按照特征分成若干地物要素（如居民地、道路、水系、植被等），给每一种地物要素按照其在数据集中的重要性分配一个适当的权重（大小为 0.0～1.0，权重总和为 1.0），然后给每个数据质量元素选择一种数据质量量度，再对数据集中的每一种地物要素进行抽样，统计该地物要素中错误数据的总量占抽样数据的百分率，得出数据集各地物要素的正确率，最后按照各地物要素的权重计算其加权平均，并把它作为数据质量的结果值。

（3）基于加权平均的缺陷扣分评价方法

基于加权平均的缺陷扣分评价方法是对我国的缺陷扣分法和 ISO/TC211 的加权平均法的融合，它既考虑同一种地物要素中不同缺陷级别的错误对数据质量结果所产生的影响程度不同，也考虑由于不同地物要素本身在整个数据集中的重要程度不同，而造成这些地物要素中的错误对数据集质量的影响程度不同，因此评价的结果较上面的两种方法更准确，但操作过程比上面两种方法复杂。在给出基于数据质量得分的数据质量分级方案的情况下，它也可以评价出数据集的质量等级。数据集各要素的缺陷的个数、级别、数据质量结果值和数据质量等级共同构成了数据质量评价报告。

（4）元数据质量评价法

用元数据方法实现空间数据质量的描述已得到大面积地推广。元数据是关于数据的内涵、数据质量、条件和其他特性的信息。元数据可以看作为空间数据完整的使用说明书，有助于用户对空间数据产品的理解，并能及时地发现数据集中的一些问题。元数据中一般应包括数据集的基本信息、数据质量信息、数据沿革信息空间数据表示、参照系统、要素分类信息、发行信息以及元数据参考等内容。但实践证明，用元数据方法对空间数据质量进行描述和管理仍有缺陷，并不能满足数据共享对数据质量的要求。空间数据集的元数据对质量指标主要是以定性的描述为主，如 1∶1 万 DLG 产品的元数据内容中直接关于数据集质量的有数据几何精度中误差、属性精度、逻辑一致性、完整性、接边质量评价数据质量总体评价等方面，这里提供的质量指标都是定性的描述。事实上，用户从这些定性描述中得到的关于数据集的质量信息是不完整的。不过是把对纸质图形数据的质量的描述翻版到电子数据形式，并不能体现 GIS 的优势，用这种形式实现对空间数据质量的管理不能充分发挥 GIS 的作用。

由于 GIS 用户的层次不同，对空间数据的要求各种各样，实现空间数据共享必须考虑空间数据质量指标能适应这些不同的需要。元数据提供了数据集的定性质量描述，却忽略了空间数据实体的质量要素，当用户需要用定量的空间数据质量指标进行分析时，元数据方法在此就显得无能为力了。

（5）对比法

将数字化后的误差与数据源进行比较，空间数据可以用目视法或将透明图与原图叠加比较，属性数据的检查要用与原属性逐个对比或其他的比较方法。

（6）地理相关法

该法即用空间数据在地理特征要素之间的空间固有的拓扑关系来分析和评价数据质量。我们可以建立一个有关地理特征要素相关关系的知识库，以备各空间数据库之间地理特征要素的相关分析之用。

（7）单因素质量评价法

空间数据每一个质量元素预置 100 分，根据检验结果采用不同的方法进行评价。

1）定量指标评价。将检验值与标准值比较，当检验值未超过标准值时，采用线性内插法计算得分。

2）定性指标评价。将检验结果与标准缺陷表对照，确定缺陷类型，统计各类缺陷总数，采用缺陷扣分法进行评价，分别扣除严重缺陷、重缺陷、次重缺陷、轻缺陷的分值。

（8）多因素模糊评判质量评价法

基于模糊数学对空间数据的质量进行评判，把要考察的指标量化、客观化，减少了人为的主观行为，得到的结果具有科学性和合理性。不过模糊数学用到 GIS 质量评价方面是从初始阶段开始的，有不少问题有待解决，如权向量的确定以及隶属度的确定等。

8.2.4　质量测评

质量评测就是根据前面三步确定的质量对象、质量范围、测度及其实现方法实现质量评测的活动过程。数据的质量应当由多个质量元素和维度的评测来反映，单个数据质量测量是不能充分、客观地评价由某一数据质量范围所限定的数据的质量状况的，也不能为数据集的所有可能的应用提供全面的参考。多个数据质量元素和维度的组合能提供更加丰富的有用信息，故对某数据质量范围限定的数据，应提供多个数据质量元素和维度的综合测量。

8.2.5　质量结果与报告

质量评测活动的直接结果是产生数据的质量结果和评测报告，质量结果和评测报告是所有数据质量对象及其评测结果的合集。对于定量数据对象而言，其质量结果体现为将数据质量测量应用到数据质量范围所限定的数据后得到的值或值的集合，或者用指定的可接受的一致性质量层次评价这些值或值的集合后得到的"通过"或"不通过"类结果。

在完整的数据质量结果和报告中，应该包括全部上述内容。此外，在翔实的数据报告中还应该把据此进行的评价过程的操作给予完整的记录，包括存在的质量级别的内容确定等。

8.3　栅格格网数据质量评价方法

8.3.1　数据质量元素和评价矩阵

在 ISO 标准的大框架下，结合空间数据质量标准的前人研究成果，可以把空间数据质量的评价要素归纳为六个方面，即定量的位置精度、属性精度、时间精度、逻辑一致性、数据完整性以及非定量的数据情况说明。其中，空间位置、属性（专题特征）以及时间是表达现实世界空间变化的三个基本要素，空间数据是有关空间位置、属性，以及时间信息的符号记录。

位置精度：是以具有三维坐标的点、线、面来表达实体并作为研究对象，以研究空间实体的坐标数据与真实位置的接近程度，即常表现为空间三维坐标数据的精度。它包括数学基础精度、平面精度、高程精度、接边精度等（这些均以相应的规范为准）。

属性精度：指空间实体的属性值与其真值相符合的程度。通常用文字、数字、符号、注记及其组合等来表达实体的属性，如地形图中建筑物的结构、层数，要素的编码、层、色、线型等属性值，这些属性值的正确性和准确性即为属性精度。

时间精度：指数据的现势性。可以通过记录数据获取或更新的时间和频度来表现。

数据情况说明：是要求用文字、数据或图表等形式对空间数据的来源、数据的内容及其处理过程等做出准确、全面和详尽的说明，以便于使用。

逻辑一致性：是指地理数据关系上的可靠性。包括数据结构、数据内容（空间特征、专题特征、时间、数据情况说明）和拓扑性质上的内在一致性。

数据完整性：是指地理数据在范围、内容、结构等方面满足所有要求的完整程度。包括数据范围、空间实体类型、空间关系分类、属性特征分类等方面的完整性。

把以上六个质量元素项并列在一起，前四个既有对空间数据的描述表达，又有质量要求，后两项只有质量要求。位置、属性、时间侧重于定量表达（如精度），数据情况说明则侧重于定性表达，提供准确、全面、详尽的说明信息（如目的、用途、数据志等），这一内容实际上反映为地学栅格数据的元数据。它们使空间数据库的内容、格式、说明等符合一定的规范和标准，以利于数据的使用、交换、更新、检索、数据库集成以及数据的二次开发利用等。为此，认为空间数据的质量标准应按空间数据的可视表现形式分为四类，即图形、属性、时间、元数据。其数据质量评价矩阵如表8.4所示。

表8.4 地学栅格格网数据质量评价矩阵

质量指标＼数据描述	图形（位置）	属性	时间	元数据（空间数据的说明信息）
精度	图形的三维坐标误差（点串为线、线串闭合为面，都以点的误差衡量）	描述空间实体的属性值（字段名、类别、字段长度等）与真值相符的程度。如类别的细化程度，地名的详细、准确性等	数据采集更新的时间和频度，或者离当前最近的更新时间	对图形、属性、时间及其相互关系或数据标识、质量、空间参数、地理实体及其属性信息以及数据传播、共享和元数据参考信息及其关系描述的详细程度和正确性
逻辑一致性	图形表达与真实地理世界的吻合性。图形自身的相互关系是否符合逻辑规则，如图形的空间关系正确性，与现实世界一致性	属性值与真实地理世界之间数据关系上的可信性。包括数据结构、属性编码、有关实体的数量、质量、性质、名称等的注记、说明，在数据格式以及拓扑性质上的内在一致性等	数据生产和更新时间与真实世界变化的时间关系的正确性	对元数据内容的描述与真实地理世界关系上的可靠性和客观实际的一致性
数据完整性	图形数据满足规定要求的完整程度。如面不闭合、线不到位等图形的缺漏等	地理数据在空间关系分类、结构、空间实体类型、属性特征分类等方面的完整性	表达数据生产或更新全过程各阶段时间记录的完整性	对元数据要求内容的完整性（现行元数据文件结构和内容的完整性）

根据地学栅格数据质量标准评价矩阵对图形、属性、时间、元数据在精度、逻辑一致性和完整性方面组合的质量特征，使质量评价的内容构成为论域：

Q_1＝图形精度、图形逻辑一致性、图形完整性

Q_2＝属性精度、属性逻辑一致性、属性完整性

Q_3＝时间精度、时间逻辑一致性、时间完整性

Q_4＝元数据精度、元数据逻辑一致性、元数据完整性

相应的地学栅格数据质量评价二级质量元素设计如表8.5中的数据质量特性一栏所示。

表 8.5　地学栅格数据质量评价二级质量元素

数据质量	数据质量特性	数据质量子元素
图形（位置）Q_1	图形精度	• 数学基准精度 • 分辨率
	图形逻辑一致性	• 基础地图错漏 • 符号使用及取舍错漏 • 文件格式一致性
	图形完整性	• 多余的要素或要素类型数 • 多余的要素或要素类型百分率 • 缺少的要素或要素类型数 • 缺少的要素或要素类型百分率
属性Q_2	属性精度	• 像元值相关系数 • 像元值相对精度 • 属性编码
	属性逻辑一致性	• 不满足逻辑规则规定的属性或属性类型数 • 不满足逻辑规则规定的属性或属性类型百分率
	属性完整性	• 多余的属性或属性类型数 • 多余的属性或属性类型百分率 • 缺少的属性或属性类型数 • 缺少的属性或属性类型百分率 • 属性标注
时间Q_3	时间精度、逻辑一致性与完善性	• 数据采集时间 • 数据评价时间 • 数据更新时间 • 数据检查时间 • 数据发布时间
元数据Q_4	元数据精度	• 目的 • 用途 • 使用说明 • 数据志
	元数据逻辑一致性	• 缺少的元数据描述内容
	元数据完整性	• 元数据采用标准 • ……

8.3.2　栅格格网数据质量评价方法

　　基于加权平均的缺陷扣分评价方法是对我国的缺陷扣分法和 ISO/TC211 的加权平均法的融合。它既考虑同一种地物要素中不同缺陷级别的错误对数据质量结果所产生的影响程度不同，也考虑由于不同地物要素本身在整个数据集中的重要程度不同，而造成这些地物要素中的错误对数据集质量的影响程度不同，因此评价的结果较上面的两种方法更准确，但操作过程比上面两种方法复杂。在给出基于数据质量得分的数据质量分级方案的情况下，它也可以评价出数据集的质量等级。数据集各要素的缺陷的个数、级别、数据质量结果值和数据质量等级共同构成了数据质量评价报告。

综合以上分析，拟采用基于加权平均的缺陷扣分法来对栅格格网数据进行质量评价。栅格格网数据质量模型中各个质量元素对综合评价结果的贡献大小采用权重系数来表示，权重系数的大小反映了在综合评价中各参评质量元素的相对重要程度。确定权重系数的方法可归纳为专家定权法与数学方法两类。

地学栅格数据质量评价公式如下：

$$Q = 0.4Q_1 + 0.4Q_2 + 0.05Q_3 + 0.15Q_4 \tag{8.1}$$

需要说明的是，以上四个论域中除元数据内容评价以外，其余均为定量检查内容。对于元数据的质量评价，根据所对应的影像或格网数据应该有的条款数（设共有 N 条），逐条检查，（除去其中的时间数据项），若有 n 条存在精确性、错（不符合逻辑一致要求）、漏（不符合完整性要求）等问题，则 Q_4 依等权按下式计算：

$$Q_4 = 100 - (n/N) \times 100 \tag{8.2}$$

下面分别对每一个空间数据对象 $Q_i (i=1,2,3,4)$ 的质量分别进行统计。每个空间数据对象（一级质量特征）Q_i 下分若干个二级质量特征，预置每个 q_i（每 1 行）分值为 100 分，质量缺陷分为：严重缺陷、重缺陷、一般缺陷，严重缺陷 e_0 扣分 42 分；重缺陷 e_1 扣分 12 分；一般缺陷 e_2 扣分 1 分；于是每个二级质量特征分：$q_i = 100 - e_0 n_0 - e_1 n_1 - e_2 n_2$

每个空间数据对象 Q_i 的总分为：

$$Q_i = \sum_{i=1}^{n} q_i p_i \tag{8.3}$$

8.3.3　数据质量评价参数的获取

地学栅格格网数据的评价参数通过两个途径获得，其一是通过元数据描述信息获取，其二是利用 ArcGIS 软件的 ArcCatalog 工具直接提取数据集实体的相关定量描述参数。

对照设定的评价参数和提取到的实际数据描述信息，形成评价参数描述信息如表 8.6 所示。

表 8.6　地学栅格格网数据评价参数

数据质量评价标准项	数据实况	单项数据缺陷评价
• 数学基准精度	无投影信息	$E_1(1)$
• 分辨率	7370 * 4281	
• 基础地图错漏	缺少南海诸岛	$E_3(1)$
• 符号使用及取舍错漏	分成 20 级	
• 文件格式一致性	ESRI GRID 类型	
• 主要地物错漏	无错漏	
• 图面美观程度	色彩分 20 级	
• 面未封闭	封闭	
• 多余线划	无多余线划	
• 像元值相关系数	0.93	
• 像元值相对精度	/	

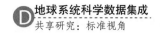
数据质量评价标准项	数据实况	单项数据缺陷评价
• 要素类型是否准确	准确	
• 数据编码错漏	无错漏	
• 度量关系错漏	无错漏	
• 属性关联要素对象错漏	无错漏	
• 注记错漏	无注记	$E_1(1)$
• 格式错漏	无错漏	
• 单位错漏	无单位	$E_1(1)$
• 属性项定义错漏	无定义	$E_1(1)$
• 数据采集时间精确性、错漏	1990	
• 数据发布时间精确性、错漏	2002	
• 数据更新时间精确性、错漏	2002	
• 数据检查时间精确性、错漏	2005－8－25	
数据评价时间精确性、错漏	2005－8－25	
目的	缺少	
用途	缺少	
使用说明	有	缺少三项元数据描述信息
数据志	有	
缺少的元数据描述内容	缺少	
元数据采用标准	WDC	

空间数据质量模型中各个质量元素对综合评价结果的贡献大小采用权重系数表示，权重系数的大小反映了在综合评价中各参评质量元素的相对重要程度。确定权重系数的方法可归纳为专家定权法与数学方法两类。

8.3.4　评测计算

按加权缺陷扣分法的计算原理，分别对每一个空间数据对象 $Q_i(i=1、2、3、4)$ 的质量分别进行统计。每个空间数据对象（一级质量特征）Q_i 下分若干个二级质量特征，预置每个 q_i（每1行）分值为100分，质量缺陷分为：严重缺陷、重缺陷、一般缺陷，严重缺陷 e_0 扣分42分；重缺陷 e_1 扣分12分；一般缺陷 e_2 扣分1分；于是每个二级质量特征分：

$$q_i = 100 - e_0 n_0 - e_1 n_1 - e_2 n_2$$

每个空间数据对象 Q_i 的总分为：

$$Q_i = \sum_{i=1}^{n} q_i p_i \tag{8.4}$$

8.3.5　数据质量评价结果

借用现行有关标准、质量评级分值划分，地学栅格数据的质量等级的评定如表8.7所示。

表 8.7　地学栅格数据的质量等级

分值	90～100 分	75～89 分	60～74 分	<60 分
等级	优	良	合格	不合格

8.4　栅格格网数据质量评价实例

根据第二节确定的数据质量评价流程，以国家地球系统科学数据共享平台中的栅格数据为真实对象，评价数据质量。

地球系统科学数据共享网存储有大量的栅格数据。主要包括"中国旬、月气温栅格 (1 km×1 km)数据集"、"中国及周边地区旬、月最高地温(1 km×1 km)数据集"、"中国及周边地区旬、月 NDVI(1 km×1 km)数据集"等。

本数据质量评价实例选择 1961—1990 年 2 季度累年平均最高气温(每 2℃ 分级)格网数据。该数据在 ArcGIS 软件中可看到图形和属性信息。

8.4.1　元数据信息获取

1961—1990 年 2 季度累年平均最高气温(每 2℃ 分级)格网数据的元数据信息描述，如表 8.8 所示，从中可以获得质量评价参数的部分信息。

表 8.8　中国气温栅格格网数据元数据

数据集名称	1961—1990 年 2 季度累年平均最高气温(每 2℃ 分级)
数据集编码	ch6190j02.zip
数据集起始时间	1961
数据集结束时间	1990
数据所跨越空间范围的最低经度	72°E
数据所跨越空间范围的最高经度	135°E
数据所跨越空间范围的最低纬度	3°N
数据所跨越空间范围的最高纬度	54°N
数据所跨越空间范围的最低高度	−154 m
数据所跨越空间范围的最高高度	8848 m
数据质量说明	气温与经度、纬度、海拔高度的线性关系＝0.93
数据存储介质	光盘
数据存储格式	ARC/INFO GRID(zip 压缩)
数据量(MB)	1.588715
数据来源	以 671 个地面站平均最低气温、测站经纬度、高度，全球 30S 分辨率 DEM 数据为基础，采用"多元回归＋残差"的方法计算
数据集使用语种	中文
数据集作者	李泽辉，廖顺宝，倪建华 email：lzh@mail.cern.ac.cn
元数据作者	李泽辉，廖顺宝 lzh@mail.cern.ac.cn
数据集存放地点	地理科学与资源研究所，数据中心
数据集索取方式	无偿。Email：lzh@mail.cern.ac.cn Tel：64858321

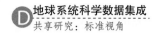

数据集名称	1961—1990 年 2 季度累年平均最高气温（每 2℃ 分级）
数据尺度	1 km²
数据更新周期	10 年
数据空间参考系及坐标	经纬度（10 进制）
附录	
年	1961

8.4.2　利用 ArcCatalog 提取数据空间信息

利用 ArcGIS 9.0 中的 ArcCatalog 工具，获取数据集实体的空间信息如下：

数据集文件名：ch6190j02

数据类型：raster digital data

文件大小：3.769 MB

平面坐标系统：row and column

横坐标分辨率：0.008333

纵坐标分辨率：0.008333

投影范围：

Left：73.600000

Right：135.016670

Top：53.541668

Bottom：17.866667

栅格格式：ESRI GRID

栅格类型：Grid Cell

栅格波段数：1

是否进行金字塔索引：无

显示类型：matrix values

像元信息

X 轴方向像元数：7370

Y 轴方向像元数：4281

Z 轴方向像元数：1

每个像元占位数：8

像元大小

X 方向间距：0.008333

Y 方向间距：0.008333

属性记录数：21

8.4.3　评价参数汇总

评价参数描述信息及计算所得结果如表 8.9 所示。

表 8.9　数据质量评价计算表

数据质量特性	数据质量子元素	权重	轻缺陷数 E_1	重缺陷数 E_2	严重缺陷数 E_3	扣分	得分 (Q_i)
图形精度	• 数学基准精度	0.2	0	1	0	12	
	• 分辨率	0.2	0	0	0		
图形逻辑一致性	• 基础地图错漏	0.1	0	0	1	42	
	• 符号使用及取舍错漏	0.1	0	0	0		98.98
	• 文件格式一致性	0.1	0	0	0		
图形完整性	• 主要地物错漏	0.1	0	1	0	12	
	• 图面美观程度	0.1	0	0	0		
	• 面未封闭	0.05	0	0	0		
	• 多余线划	0.05	0	0	0		
属性精度	• 像元值相关系数	0.2	0	0	0		
	• 像元值相对精度	0.1	0	0	0		
	• 要素类型是否准确	0.1	0	0	0		
属性逻辑一致性	• 数据编码错漏	0.1	0	0	0		
	• 度量关系错漏	0.1	0	0	0		99.82
属性完整性	• 属性关联要素对象错漏	0.1	0	0	0		
	• 注记错漏	0.1	0	1	0	12	
	• 格式错漏	0.1	0	0	0		
	• 单位错漏	0.05	0	1	0	12	
	• 属性项定义错漏	0.05	0	1	0	12	
时间精度、逻辑一致性与完善性	• 数据采集时间精确性、错漏	0.2	0	0	0		
	• 数据评价时间精确性、错漏	0.2	0	0	0		
	• 数据更新时间精确性、错漏	0.2	0	1	0	12	99.52
	• 数据检查时间精确性、错漏	0.2	0	0	0		
	• 数据发布时间精确性、错漏	0.2	0	0	0		
元数据精度	• 目的 • 用途 • 使用说明 • 数据志	根据科学数据库元数据标准设置的空间数据必选项个数(设共有 40 条),逐条检查,(除去其中的时间数据项),有三条存在精确性、错(不符合逻辑一致性要求)、漏(不符合完整性要求)等问题,则 $Q_4 = 100 - (3/40) * 100$					92.5
元数据逻辑一致性	• 缺少的元数据描述内容						
元数据完整性	• 元数据采用标准						

注：科学数据库地学元数据是可以扩展的,此处假设总项数 $N=40$。

求出各数据检查项的分值如下：

Q_1（图形精度、图形逻辑一致性、图形完整性）=98.98

Q_2（属性精度、属性逻辑一致性、属性完整性）=99.82

Q_3（时间精度、时间逻辑一致性、时间完整性）=99.52

Q_4（元数据精度、元数据逻辑一致性、元数据完整性）=92.50

按照地学栅格格网类型数据质量评价公式，该数据集质量评价得分为：

$$Q=0.4Q_1+0.4Q_2+0.05Q_3+0.15Q_4=98.371$$

由表4-9的地学栅格数据质量等级表知，该数据集的质量评价得分为98.371，因此评定为优质数据集。

第9章 地球系统科学数据集成共享应用

9.1 GEODATA 共享平台原型构架

9.1.1 GEODATA 平台总体构架设计

(1) GEODATA 平台的基本需求

结合地学数据共享的特点，地球系统科学数据共享平台原型（GEODATA）平台的最基本功能需求包括四个方面，即地学数据的查询和浏览、地学数据的发布、地学数据的访问和地学数据在线分析功能。通过这些功能的开发，以在元数据的统一调度下完成地学数据的汇交、交换、查询、浏览、下载、分析等数据共享服务。

1) 地学数据查询和浏览：地学数据的浏览是以地学元数据目录为依据，按照学科主题进行浏览。查询则是对数据目录具体内容的检索，具体查寻方法除了关键词、文本检索等方法外，还包括空间图形范围查询和时间历史信息的查询。

2) 地学数据发布：地学数据的发布方法有两种，一种是直接从已存在的数据集中摘取数据目录信息，并且向数据目录服务中注册数据集，从而允许 Web 用户浏览和查询到该数据集；另一种是新数据集的汇交，即指数据集向数据中心的汇交，汇交时不但包括数据本身，同时也包括该数据的目录信息，从而在汇交的同时完成数据的注册。

3) 地学数据访问：地学数据访问包括两种模式，一种是在线的查看，如可以通过扩展后的元数据接口调度 WebGIS 服务功能，浏览、分析、操作空间地图数据；另一种是直接通过元数据获取相应的数据集，如直接下载数据或是订购数据。

4) 地学数据在线分析：指的是用户不但需要共享数据，同时也需要共享数据的分析方法，而且这些分析方法是以 Web 为运行平台，用户可以通过组合这些分析服务从地学数据中获取地学知识。具体地学数据的在线分析功能是与数据的类型和内容紧密相关的。

(2) GEODATA 平台的分布式体系结构

地球系统科学数据共享平台是一个分布式的网络平台，它是由总中心和分布式的分中心及数据源点（主体数据库）构成的。分中心不仅具有学科代表性而且具有地域特色，从而在数据资源体系上满足地球系统科学基础与前沿领域研究的需要。

数据分中心的功能布局及其与总中心的关系如图 9.1 所示。

按照逻辑上统一，物理上分布的实施方针，地球系统科学数据共享平台通过元数据层

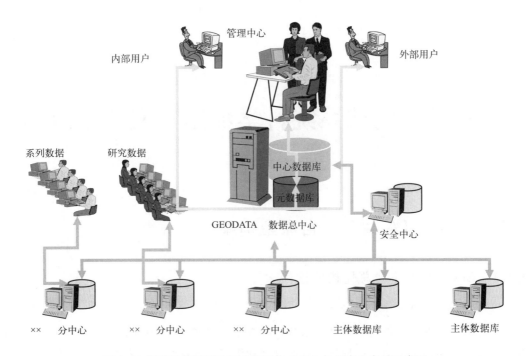

图 9.1　地球系统科学数据共享平台总中心与分中心布局示意图

次的统一管理，安全体系上的单点登录，以及分布式数据的管理技术，实现总中心与分中心的协调管理，保证以应用为中心的一站式数据服务。总中心与分中心的关系可以从以下几个方面体现出来：

其一，利用元数据整合分布式的数据资源。各分中心在地球系统科学数据共享平台核心元数据标准框架下进行数据资源的组织，在一定的通信协议下，总中心定期"收割"分中心的数据资源核心元数据，并存储和管理在总中心元数据库中，同时实现异地元数据的同步更新。

其二，总中心与分中心在功能上是相互关联的，通过一系列规范化的服务功能（Web Service），形成一个统一的服务网。这一系列的功能服务涵盖数据共享的全部过程，包括数据汇交、浏览、查询、下载以及用户的信息管理和安全控制等。比如说数据下载服务，用户在总中心通过数据检索机制发现相关数据集后，向平台提出下载该数据集。则相应的请求会发送到存储该数据集的数据分中心下载 Web Service 上，在完成相关的安全控制和权限审查后，分中心自动完成数据封装和打包下载等操作。

其三，建立统一的安全管理机制。在总中心建立统一的安全中心，来统一管理用户信息、单位信息以及建立用户认证服务。这一措施的目的在于两个方面：第一，在所有分中心或总中心，数据用户一次登录，就可以在地球系统科学数据共享平台分布式网络环境中全程访问；第二，各个分中心有自身的独立的授权信息库，可以独立管理本地的数据集权限。

正如前方提到的，数据交换中心是联系数据生产者、使用者和管理者的网络体系。元数据在整个分布式平台体系的信息交换中发挥了枢纽作用。如图 9.2 所示。

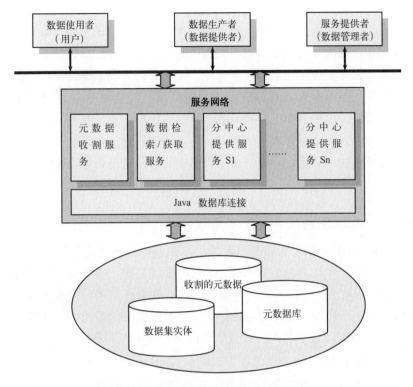

图 9.2 基于元数据 GEODATA 的体系框架

（3）GEODATA 总中心平台的功能框架

GEODATA 总中心平台的体系结构如图 9.3 所示。服务平台从总体结构上分为五个层次，即门户层、共享业务层、核心服务层、数据资源管理层和网络平台层。平台用户通过门户网站可以享有数据的查询、浏览、下载、汇交等服务，这主要体现在数据共享业务层。该层次的服务基于核心服务层实现，即基于元数据的透明访问机制和平台安全策略。处于底层的数据资源管理层则通过后台处理，完成数据资源的集成管理和发布。

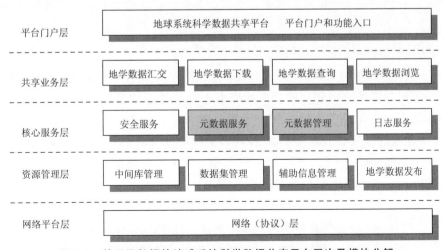

图 9.3 基于元数据的地球系统科学数据共享平台层次及模块分解

按其层次结构，把平台项目分解为 13 个彼此有关联但相对独立的模块，以便实施开发。即门户子系统、数据查询浏览服务子系统、数据汇交服务子系统、数据审查发布子系统、数据下载服务子系统、元数据服务、安全服务、日志服务、数据集的管理、中间库管理、发布数据集信息库管理、辅助信息库管理、用户交流管理系统。

由图 9.3 可见，元数据服务和管理模块是整个平台功能的核心。GEODATA 一方面要通过元数据为数据需求用户提供分布式数据资源的数据发现、数据查询、数据说明、数据导航等信息，另一方面还要为数据生产者提供元数据提交、上载和注册等功能。从某种意义上说，元数据是数据交换中心的一个透明的中间层，这是数据交换中心一站式服务的基础。

9.1.2 GEODATA 原型系统开发技术路线

基于以上分析，GEODATA 是一种典型的，面向 Internet 的软件平台。它所提供的一系列功能服务可以看作相对独立的 Web 服务，可以是对已存在传统软件面向 Internet 的封装，或是完全面向 Internet 开发的功能软件。这些服务的运行是完全分布的，相应的运行环境可以是完全异构的，即可能是运行在完全不同的硬件系统之上或是不同的操作系统中。总体上，GEODATA 原型的开发技术路线按照以下思路展开。

（1）基于 Web Service 的软件体系

在面向服务的体系结构中，不同角色之间的交互主要有三种，即服务的发布（publish），服务的查找（find）和服务的绑定（bind）。基于 Web Services 面向服务的体系结构，主要是以 XML 技术为依托，对上述体系结构中不同的角色和角色之间的交互都实现了标准化，目前在 Web Services 中包含的标准系列主要有：SOAP（服务调用协议）、WSDL（服务描述协议）、UDDI（服务的发现/集成协议）。另外，为了更好地支持面向 Internet 的服务的集成，Web Services 又对协议进行了拓展，目前正在标准化的协议还包括 Web 服务的聚合、跨 Web 服务的事务处理、工作流、安全服务等。

对于一个具体应用领域，可以根据实际服务实施的需要，将服务划分为不同的层次，如支撑系统运行的面向系统的核心服务、支撑业务运行的核心业务服务以及具体的业务服务等。

（2）J2EE 构架技术

J2EE（Java2 Platform Enterprise Edition）是美国 Sun 公司刚刚推出的一种全新概念的模型，与传统的互联网应用程序模型相比有着不可比拟的优势。J2EE 是一种利用 Java2 平台来简化诸多与多级企业解决方案的开发、部署和管理相关的复杂问题的体系结构。J2EE 技术的基础就是核心 Java 平台或 Java 2 平台的标准版，J2EE 不仅巩固了标准版中的许多优点，例如"编写一次、到处运行"的特性、方便存取数据库的 JDBC API、CORBA 技术以及能够在 Internet 应用中保护数据的安全模式等等，同时还提供了对 EJB（Enterprise JavaBeans）、Java Servlets API、JSP（Java Server Pages）以及 XML 技术的全面支持。J2EE 使用了 EJB Server 作为商业组件的部署环境，在 EJB Server 中提供了分布式计算环境中组件需要的所有服务，例如组件生命周期的管理、数据库连接的管理、分布式事务的支持、组件的命名服务等等。J2EE 的体系结构如图 9.4 所示。

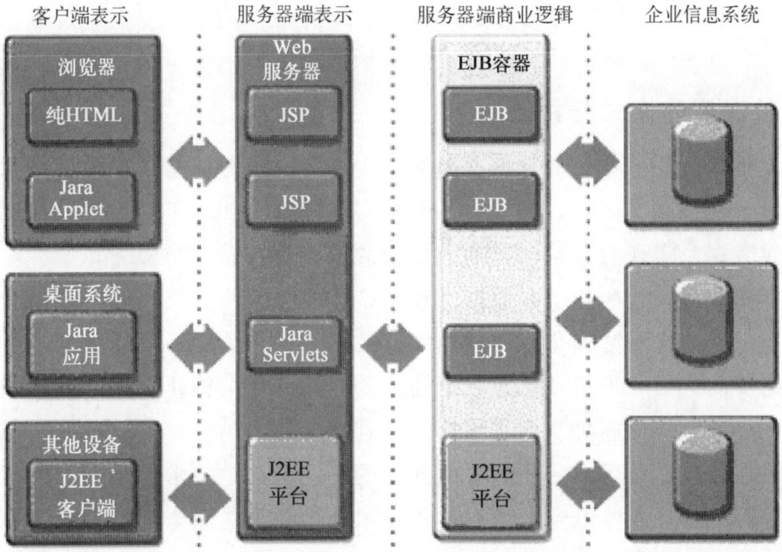

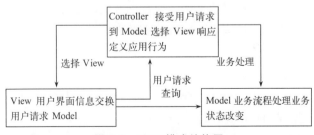

图 9.4　**J2EE 的体系结构图**

J2EE 规范的主要技术包括：EJB(服务器端分布式组件技术)、Servlet/JSP(主要用于 Web 服务器端来完成请求/响应等 Web 功能及简单商业逻辑的技术)、JNDI(名称与目录服务 API)、JDBC(对关系型数据库进行操作的连接桥)、RMI/RMI2IIOP(进程间相互通讯的重要机制)、JMS(提供异步消息处理机制)、JTA/JTS(组件的事物处理支持)、Java IDL(应用 Java 语言实现 CORBA 标准的模型)、JavaMail/JAF(提供与平台无关的电子邮件服务功能)、JCA(用于与其他系统进行集成)以及 XML(一些 J2EE 技术的所依靠的技术)等等。

（3）MVC 开发模式

开发的方法符合 J2EE 的"MVC"设计模式。在 MVC 中，M 代表模型(Model)，V 代表视图(View)，C 代表控制器(Controller)。相应地，在该系统中，XML 文件就是模型 M，XSL 文件和 JSP 页面就是视图 V，而页面中用到的一些 Java Bean 就是控制器 C。控制器在系统中居于核心地位，所有的操作流程都在它的"指挥"下有条不紊地进行。该模式可以大大增强系统的灵活性和可维护性。

图 9.5　**MVC 模式结构图**

9.2 面向服务的地学元数据技术体系研究

9.2.1 元数据管理模式分析

元数据及其相关技术在分散数据资源管理中的巨大优势，使其成为网络数据资源共享的关键。就地学数据共享而言，元数据管理系统是其 GEODATA 的核心基础设施。通过集中管理的元数据，实现对异构、异地数据资源的分布式管理与服务。

针对数据共享而构建的地学元数据管理系统主要分为两大类，一种是把分散的数据节点上的数据全部规范化地结构化，用数据仓库的方式进行管理，依靠数据和知识挖掘来实现信息的利用价值；另一种是基于元数据建立的异构、非结构化数据的共享机制，依靠数据格式转换工具和智能代理机制，实现信息的利用价值。

这两种模式各有其应用上的优势，但共同的是它们都是技术驱动下的管理系统，并不是为科学数据共享工程业务量身定做。这种技术体系并不能完全满足科学数据共享的服务理念，也不能满足 4A 服务（geo－information for anyone and anything at anywhere and anytime）服务要求（李德仁和崔巍，2004）。

9.2.2 地学数据超市理念分析

GEODATA 的最终目的是为更多的公众提供方便的一站式数据检索和获取服务，让用户在方便、快捷的操作中有序地发现和得到所需数据。这一建设初衷正是数据共享服务理念的体现。

如何在元数据技术系统中创建这样一种人性化的服务体系？由此联想到了购物超市。从杂货铺，百货商店到大型超市、Shopping Mall，当前多种超市购物中心受到顾客的青睐。而这些购物环境之所以得以风行的主要原因就是，它们为用户提供了一个开放、方便、高效的服务环境，处处考虑用户需求，提供了一种人性化的服务。正是受超市的管理和服务理念启发，结合地学数据共享的实际需求，设想了地学元数据管理系统的技术体系。

（1）购物超市的服务特点

购物超市的发展从早期的小型超市、便利店到现在的大型综合超市、仓储式超市和 Shopping Mall，显示了其巨大的商业运作能力和生命力。购物超市的蓬勃发展得益于其先进的服务模式，真正为用户提供了方便、快捷和开放的服务。

以连锁型购物超市为例，认为它具有以下主要特点：

- 连锁经营原则：集中管理，分散经营。实行统一进货、统一价格、统一调配、统一结算和分散销售；
- 连锁公司主要组成机构有总部、配货中心、超市商场与特许加盟商场，不同机构具不同职责，有不同的功能需求与信息需求；
- 连锁公司的管理机构与经营机构地理上分散，分布在市区和周边县市，功能上与数据上的分布性，必须依托数据通信和远程操作来解决。

（2）地学数据超市的理解

数据超市一词最早来自于计算机领域，它是数据仓库的一个变体。在此提出的地学数据超市不是指数据仓库，而是一个服务模式的概念。它形象化地描述地学数据共享平台的功能，它侧重于数据的超市化管理和服务。

地学数据超市的定义可以概括为：比照购物超市的管理和服务理念，组织和管理海量的地学数据资源，通过开放的网络条件，利用元数据技术为用户提供方便、快捷和灵活的数据发现、数据定位和数据获取服务。

购物超市和地学数据超市的比照关系如表9.1所示：

表9.1　地学数据超市与购物超市的关系对照表

比照项	购物超市	地学数据超市
数据（商品）汇交	采购员联系供货商进货，或供应商直接供货	由数据生产者提供数据集及元数据信息，或对国家资助项目产生的数据资源强制汇交
数据（商品）存储	商场开放货架与集中仓储结合	文件数据库和关系数据库混合管理模式，遥感影像等海量数据通过光盘或磁盘阵列存储
数据（商品）发现	商场购物分区，导购牌以及货物标签	通过元数据目录交换体系提供数据查询和发现
数据（商品）管理	商品信息集中管理，商品实体分散销售	元数据集中管理，数据体分布服务
数据（商品）获取	通过付款、提货、检查、交付手续完成。对于大宗货物可送货上门，一般货物用户通过多个超市出口结算、购买	元数据信息导航、定位数据集实体，提供多种数据类型的访问和下载服务
数据（商品）安全	通过电子监控体系和超市工作人员巡视监督	包括计算机硬件、操作系统、应用系统、数据存储等四级安全控制

由表9.1可见，地学数据超市与购物超市在功能体系和结构分工上非常相似，具有很强的映射关系。并且元数据在地学数据超市中占据了核心的位置，元数据管理体系的建设是其整体功能实现的基础。

9.2.3　地学数据超市的技术体系

地学元数据管理体系是地学数据网络共享的基础服务设施，从逻辑上它是一个中间层。它对外直接面向地学数据交换平台（clearinghouse）用户，对内负责对分布式的数据资源实体的导航和定位。从体系上满足图9.6显示的信息的生命周期。

图9.6　信息的生命周期

该技术体系包括五大功能模块，即元数据汇交模块、元数据存储模块、元数据查询模块、元数据安全模块和元数据访问模块。这五个模块以地学数据超市为核心，按照数据资源采集、输入、存储、检索、管理、控制、服务和输出的信息流程组织。依据地学数据超市的功能分析，建立地学元数据管理系统的技术体系，见图 9.7 所示。

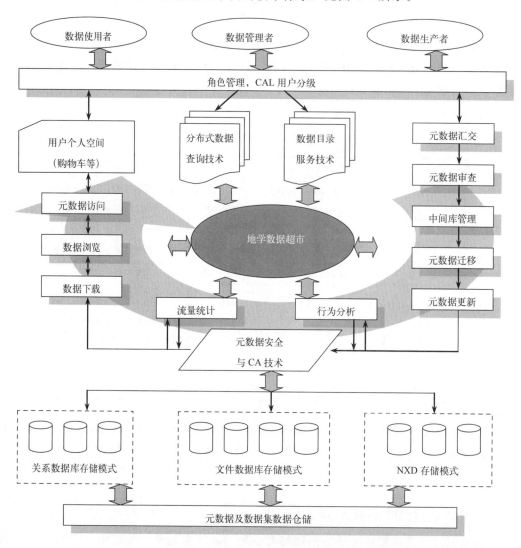

图 9.7　围绕地学数据超市的元数据管理系统技术体系

相应的功能描述为：

(1)数据汇交功能：数据生产者和管理者可以在线提交元数据和数据集实体到总中心。相关元数据信息按学科体系、数据分类、专题属性组织进元数据库集中管理，数据集实体按发布者权属以文件方式管理。

(2)数据审查功能：入库的数据集实体信息及其元数据信息通过数据审查和安全控制后才能从中间库迁移到发布库中，进而提供数据共享。数据审查功能包括数据一致性检查、数据格式检查、数据质量检查等。

（3）数据查询功能：用户可以通过关键词查询、数据分类树查询、数据空间范围查询、数据时间范围查询、数据学科分类查询等多种方式发现和了解总中心的数据资源。

（4）数据浏览功能：按数据类型的不同，把数据资源区分为空间矢量数据、栅格数据、属性数据和文件数据。提供空间数据 Web 浏览功能和属性数据浏览功能。

（5）数据下载功能：通过审查的数据集及其元数据存放在发布库中，对外提供数据分发服务，允许用户查看相关数据的元数据信息及下载数据集实体。

（6）用户管理功能：按照用户分级策略，对数据使用者、数据生产者的权益进行约束，实现后台用户管理功能。

（7）日志管理功能：对数据下载日志、数据汇交日志、数据查询日志、门户访问日志进行后台管理，并基于此研究用户行为，对数据集产品的需求做出评价。

（8）其他相关功能。包括遥感影像专题服务功能，符合用户习惯的购物车功能，数据资源站点导航功能等。

9.3　地学元数据技术体系开发与实践

9.3.1　基于 RDF/XML 的基础设施构建

（1）元数据基础管理平台

根据地学元数据扩展的模式和方法，利用 W3C 推荐的 RDF/XML（资源描述框架）技术设计了地学元数据管理系统（Metadata Management System，MMS）。MMS 是地学数据共享平台的基础设施，任何关于数据的查询、交换、上传、下载、订购等共享业务都是以此为基础展开的。

该技术框架可以分解为三层，即应用服务层、资源描述层以及数据资源层，如图 9.8 所示。

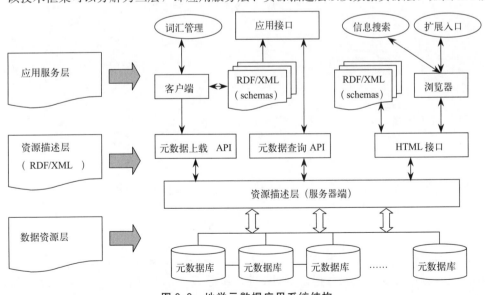

图 9.8　地学元数据应用系统结构

其中应用服务层是由一系列的数据共享业务组成，如查询、浏览、发布、下载等，这些服务通过资源描述层作为媒介访问数据资源，并且通过 Web 为用户提供具体的服务。数据资源层通过数据库给出了所有元数据的实际物理存储。这一层需要在关系数据库逻辑设计上考虑资源描述层的特性。资源描述层是基于 RDF/XML 标准的一个中间层，在 MMS 中具有承上启下的作用。

图 9.8 从系统开发的角度细化了 RDF/XML 在资源描述层中的作用。图中的应用接口连接层次结构中的"应用服务层"，元数据库则连接"数据资源层"。以地学数据的上载和发布为例，从客户端和服务器端两个部分介绍资源描述层在平台功能体系中的作用。对于客户端：首先确定当前数据资源包含的核心元数据和模式元数据，创建、编辑具体的专用标准元数据信息，然后以 RDF/XML 的格式保存或载入 Schema 和具体元数据，并且提供查询模式等功能服务，最后提交至 Server 端。对于服务器端：主要对模式以及具体元数据信息进行读入、索引、审查、发布等的管理。服务器端提供 HTML 界面，以便用户和管理员浏览、查询、管理元数据信息，同时提供元数据录入、发布 API、查询 API 等应用程序接口。

（2）RDF/XML 的数据组织模式

元数据库基于"地球系统科学数据共享平台元数据标准草案"设计，该库由 25 个子表组成。其设计思想以元数据实体集为核心表，数据集标识信息为辅助表，其他相关表则嵌于这两个表下，形成以父节点、子节点、孙节点为结构的基本树结构。数据库的设计原则是最终形成以元数据实体集为根节点的标准树结构，子节点有且唯一具有一个父结点。元数据库设计的元模型如图 9.9 所示。

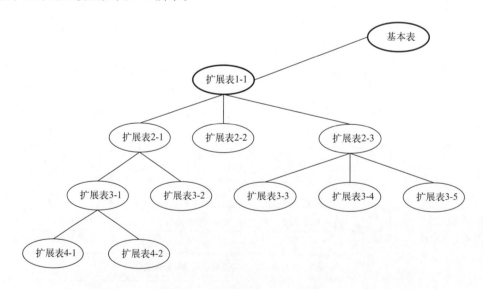

图 9.9　元数据库设计的元模型

在地学数据共享的实际解决方案中，元数据结构最终必须通过元数据库的关系体现出来。在本元数据库设计中，元数据以 XML 进行编码表示，以关系化的方式进行存储。在关系型数据库中不仅存储元数据的结构/模式信息，而且存储数据内容信息。对于前者，元数据库以独立的存储表对其进行存储，记录数据 XML 的结构定义信息，即 Schema。按以上数据库设计建立各种物理存储的关系表，包括元数据基本信息表、模式基本表、扩展表等。其中元数据基本信息表以元数据实体集为核心表，数据集标识信息为辅助表，其他表则嵌于这两个表下，形成以父、子、孙节点为结构的基本树结构。

（3）基于 RDF/XML 的功能组织

基于 RDF/XML 的元数据管理功能包括：元数据的上载、元数据的审查、元数据的入库、元数据的发布、元数据的查询、元数据与数据集实体引用等。整个元数据管理的功能组织如图 9.10 所示。

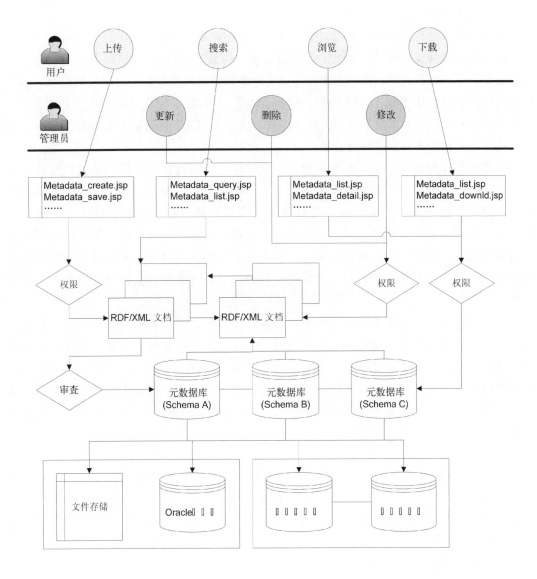

图 9.10　元数据管理中的 RDF/XML 文档交换

由图可见，RDF/XML 在地球系统科学数据共享中的作用和地位。按角色的不同可以区分为用户（包括元数据汇交用户、搜索用户、浏览用户和下载的用户）和管理员（更新、删除和修改）。就用户角色而言，用户通过元数据创建页面，选择自己的元数据学科模式并填写元数据内容，提交到元数据服务器。此时记录用户创建内容的并不是数据库表而是 RDF/XML 文档。这些内容只有通过审查后才能进入元数据库表。

9.3.2 地学数据超市的功能细化

（1）地学数据超市中的功能模块描述

1）元数据汇交模块

数据汇交只是现在的一种提法，早在以往就存在多种方式的汇交。例如张健挺（1998）提到，利用互联网技术可以扩大地学信息的来源。如美国地质调查局（USGS）提供了地磁数据搜集的电子邮件地址，任何人都可以通过电子邮件向该组织报告地磁异常现象，该组织对这些报告进行整理和分析后再通过互联网发布。这种地学信息采集方式具有非常广泛的适用性，对于一些异常地学现象的研究很有意义。利用互联网进行环境和社会经济调查将是地学研究数据来源的一种重要形式。

数据汇交是数据共享的一项基本功能，在数据汇交的过程中，用户通过网络或是其他方式向数据平台提交数据的过程。汇交分为两种情况，一种是同时汇交元数据和数据本身；另一种情况是只汇交元数据和数据体的网络的连接信息，而数据体本身并不上载。对汇交到共享网的数据资源必须进行数据质量的审查，只有通过了审查的数据，才可以被设置访问控制；只有通过了审查、并实施了访问控制的数据才可以进入发布数据集信息库，可以被外部查询、访问和下载。管理员可以对发布的数据集进行修改、删除和更新。

数据资源汇交发布技术是严密的逻辑业务流程与高效的计算机处理技术之间的有机结合。在业务上，共享网制定了汇交数据的工作流，无论是在线汇交还是离线汇交都必须遵守这一业务流程。在技术上，数据资源的汇交和发布应用到了用户认证，XML 存储和解析，远程数据访问，数据体的传输、存储和迁移等等。业务逻辑和处理计算在体系上是统一的，在技术实现上是分离的，二者的松散耦合保证了这一技术体系的成功实施。

2）元数据存储模块

对于元数据的数据内容，元数据库以两种方式存储：① 以元素为单位存储，将元数据的 XML 文本分解，逐个存储每个 XML 元素的相应信息，用于对元数据的检索；② 以整个元数据的 XML 文本为单位进行存储，将元数据的 XML 文本存放于一个 BLOB 字段中，在提取元数据全文时，避免重新组合元数据元素，以提高存取速度。

3）元数据查询模块

元数据查询技术主要以目录服务的形式体现出来。目录服务系统由两部分组成：

① 目录查询系统是通过目录、关键词、组合条件查询、图形文字复合查询等方式，以目录的方式提供用户地学数据信息发现服务。并提供多种查询结果显示功能，包括摘要

元数据显示模式和全文元数据显示模式。对于查询的结果则提类似供购物车功能，即用户可以选择特定的记录并浏览这些被择的记录。目录查询系统的功能是通过调用目录服务系统的功能来完成的。

② 目录服务系统是提供标准的元数据查询接口——元数据目录查询接口。在地学数据交换中心，元数据查询接口由元数据发布服务器提供。

4）元数据安全模块

科学数据共享技术系统，要想实现网络上对分布式数据的管理和发布，必须要解决分布式数据管理与发布的安全问题。主要解决两大类安全问题：一类由单站点故障、网络故障等自然因素引起，这类故障通常可利用网络提供的安全性来防护；另一类来自本机或网络上的人为攻击，即黑客攻击，目前黑客攻击网络的方式主要有窃听、重发攻击、假冒攻击、越权攻击、破译密文等，对这类安全问题我们可以通过身份验证、保密通信、访问控制、库文加密等方式解决。

在网络环境下，敏感数据的防窃取和防篡改问题越来越严重。因此，安全问题无疑是数据共享中最重要的问题。元数据在以分布式的网络传输为主的方式下，数据共享和安全技术必须解决并发访问冲突问题及系统和数据安全问题。

从地学数据交换中心的体系平台上，可以分为四级安全保护策略，即 A 层（硬件加密）、B 层（操作系统的安全）、C 层（信息系统的安全）和 D 层（数据库的安全）。如图 9.11所示。

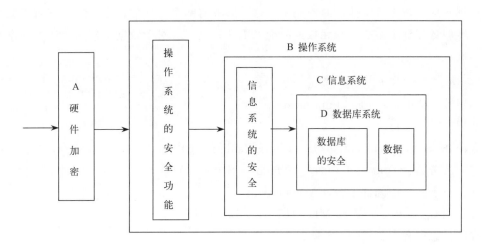

图 9.11 元数据安全模块结构

元数据安全模块的主要任务是从技术上解决数据安全问题，保持元数据的完整约束条件，并且保护数据库免受非授权的泄露、更改或破坏，同时要注意网络安全、计算机病毒防止等。包括：非法访问数据库信息、恶意破坏数据库或未经授权非法修正数据库数据、用户通过网络进行数据访问，引起数据库数据的错误等。

因此元数据安全模块更关心系统在 D 层次上的安全控制。包括以下内容：

① 权限控制。基于上述数据的安全保护策略，在 D 层采用权限控制。将每个用户放

于各种用户组中，对用户组进行数据集的使用控制，从而可以控制每个用户的使用权限；

② 对数据库加密。数据库加密保护就是在操作系统和数据库管理系统支持下，对数据库的文件或记录进行加密保护。数据库加密可以在数据库中加入加密模块对库内数据进行加密，也可以在库外的文件系统内加密，形成存贮模块，再交给 DBMS（数据库管理系统）进行数据库存储管理。

③ 其他措施。本系统除了考虑以上的安全措施之外，还对数据本身进行了加密处理，并将数据的相关信息存放在元数据库中，从而可以避免非法用户的访问。

用户分级是平台数据安全的组成部分。共享网根据制定的共享机制和发布策略，建立了用户访问权限矩阵表。在这个表中，把权限功能分解为数据搜索、数据浏览、数据下载、数据维护、数据上传、用户管理和数据删除六项；把用户级别分解为管理员、会员、一般用户三个类别、六个级别。基于此，设计用户注册、登陆模块及相应的平台安全控制模块开发。对于一些有数据密级有特别要求的数据，如"机密级"，则设定其访问权限为条件可选。即该数据的访问权限需由数据库后台干预，按数据开放要求针对不同的用户需求，给予相应权限。

5）元数据访问模块

在用户查询到关心的数据集元数据信息时，元数据访问模块提供元数据内容的浏览和数据集实体的关联服务。元数据浏览主要是对元数据 XML 文档进行提取和解析，这主要通过 DOM、SAX 等编程接口实现，并借助于 XSLT 在页面上显示出来。关联服务则保证了元数据对应的数据集实体的对应关系。这一服务有两个方面的作用，其一，对于数据生产者关联服务保证了数据集和元数据的准确更新；其二，对于数据用户则保证了数据集实体的准确获取。

（2）地学数据超市开发环境

浏览器：Windows IE/Linux mozilla

数据库：Oracle 9i

Web 服务器：Apache 2.0（OS：Linux Redhat 9.0）

应用服务器：Tomcat 4.0（OS：Windows Server 2003）

Web Services 中间件平台：Apache Axis

开发语言：Java、JSP、XML、HTML、Javascript

空间信息服务器：ArcIMS 4.0

集成开发工具：Jbuilder 8.0/X

（3）地学数据超市开发流程

地学数据超市的开发流程如图 9.12 所示。

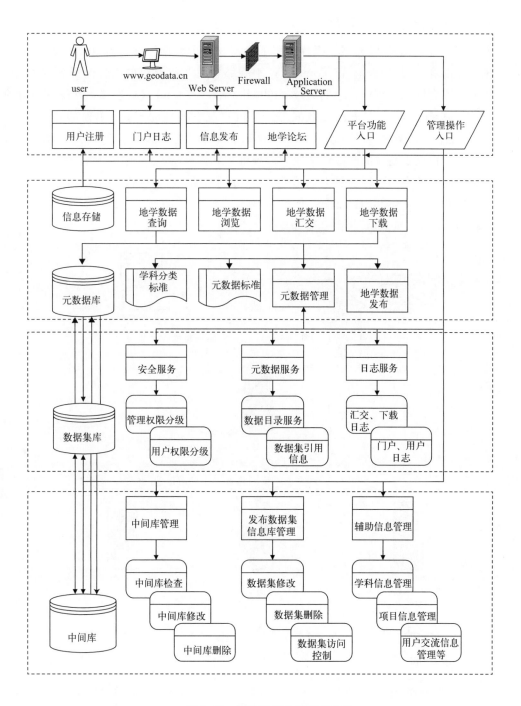

图 9.12　地学数据超市开发流程

9.3.3 地学数据超市的部署策略

整个系统由一台 Web 服务器、两台应用服务器和两个数据存储设备组成，如图 9.13 所示。在实际部署中把 Apache 和 Tomcat 服务器部署在开放源码的 Linux 操作系统中，以提高系统的安全性和稳定性，它们通过 mod_jk2−2.0.43.dll 进行连接，并修改相应的 http.conf 和 server.xml 文件进行无缝捆绑。把负责逻辑处理的 Jboss 单独部署在 Windows 操作系统中，数据存储设备部署在 Solaries 系统中。这一部署实现了系统的跨平台要求，既为用户提供了高效的服务，又便于系统维护和扩展。

共享平台的服务启动可以通过以下两个命令（分别启动 Tomcat 和 Apache）：

- /usr/local/tomcat/bin/startup.sh
- /usr/local/apache/bin./httpd -k start

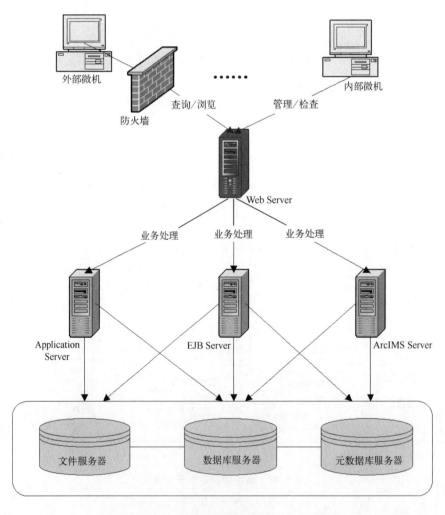

图 9.13 地学数据共享网络系统部署示意图

9.4 基于元数据的应用服务系统开发

9.4.1 数据汇交系统

（1）数据汇交流程分析

数据汇交是用户通过网络或是其他方式向数据平台提交数据的过程。汇交分为两种情况，一种是同时汇交元数据和数据本身；另一种情况是只汇交元数据和数据体的网络的连接信息，而数据体本身并不上载。

地学数据汇交时序图如图 9.14 所示。

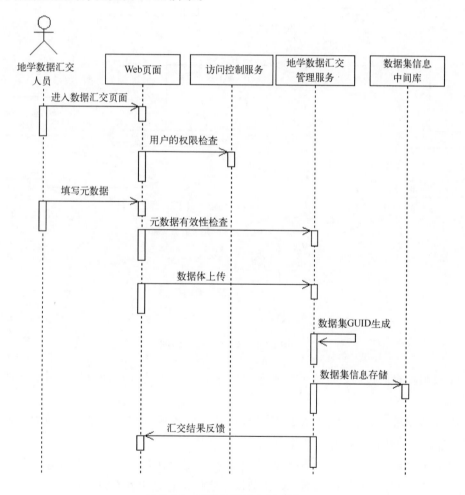

图 9.14 地学数据汇交时序图

数据汇交的活动图如 9.15 所示。

汇交执行过程如下：

1）在进入汇交页面时，要通过访问控制服务检查当前用户是否具有数据汇交权限；

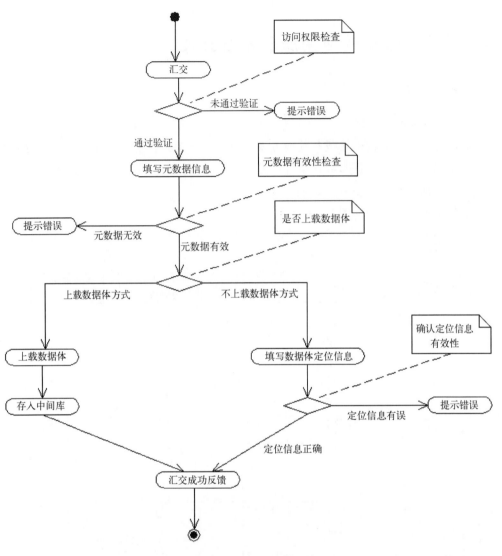

图 9.15　数据汇交活动图

2）权限检查通过后，进入元数据著录页面，用户为待提交的数据填写必要的元数据信息；

3）元数据填写完毕后，用户向地学数据汇交管理服务提交元数据，地学数据汇交管理服务对提交的数据进行有效性检查；

4）元数据确认有效后，如果数据体也需要提交，则要向数据汇交管理服务提交数据体内容，如果只提交元数据，则要确认数据体定位信息是正确有效的；

5）数据汇交管理服务为待汇交的数据生成唯一 GUID 号和数据集信息，同时更新有关的元数据信息；

6）数据汇交管理服务将数据集有关的信息保存到中间库数据集信息表中，并向用户反馈成功信息；

7）在以上执行过程中，如有错误发生，将向用户反馈错误信息，并中断处理。

（2）数据汇交技术环节

数据汇交主要是浏览器端与服务器端上传数据的一个信息交互过程。通过 Javascript，JSP，Java Beans，Smart Upload 等技术和工具可以有效地解决该问题。其中用到的技术比较广，选取主要实现过程中涉及的技术问题，分析如下。

1）元数据提交

这一过程直接通过 Web 页面与用户发生关联，用户根据定制好（或扩展）的元数据表单，填写基本的元数据信息，在经过元数据标准的约束性检查后，提交到服务器端。如图9.16 所示。

提交到服务器端的元数据分两种形式存储，一种形式为 RDF/XML 文件，它以 BLOB的方式存储在 Oracle 数据库中；另一种形式为按元数据信息存储的关系数据库表。这种存储方式可以有效地提高元数据的查询和访问效率。

2）数据体提交

数据生产者的数据集可以保存在本地，提供分布式的数据服务。但如果没有本地服务能力，共享网可以接纳数据集实体，集中为用户提供数据服务。因此数据生产者在提交元数据描述信息后，可以向共享网提供数据集实体。考虑到网络传输的实际问题，100M 以上的数据集建议离线提交。如图 9.17 所示。

用户在提交完元数据后，可以根据需要提交数据集实体。数据集实体是以文件的方式存在的，只有符合一定的格式的文件才可以上载。文件的约束可以通过程序控制，相应的文件范围在 Web. xml 文件中约束，如下所示。

```
<context－param>
    <param－name>uploadAllowed</param－name> <param－value>zip, ZIP, pdf, PDF, gif, GIF, jpg,
    JPG, tif, TIF, doc, DOC, TXT, txt, rar, RAR, e00, E00, img, IMG, xls, XLS</param－value>
</context－param>
```

3）元数据复查

每个用户都有唯一的 UserID，可以利用该 ID 号，建立个人用户使用空间。这可以使得用户有效地管理自己的元数据发布历史信息，诸如已发布的数据集元数据浏览，已发布的元数据修改，发布的元数据审批状态，已发布的元数据删除等。如图 9.18 所示。

4）元数据审查

元数据审查是在服务器端完成的，用户发布的数据只有在通过审查后，才能对外发布和共享。元数据审查过程可以通过三步完成：第一步，用户在提交元数据时的有效性检查；第二步，用户提交后的元数据在服务器端进行一致性检查；第三步，数据管理人员通过元数据审查专用入口，对元数据内容进行质量检查。如图 9.19 所示。

5）元数据（数据集）发布

通过检查后的元数据和数据集实体在服务器端完成数据发布。数据发布的过程也是对经过质量控制的数据迁移的过程。元数据内容从 RDF/XML 分解迁移到关系数据库中；数据集内容从中间库迁移到发布库中，相应的数据获取位置信息也更新在元数据管理信息中。如图 9.20 所示。

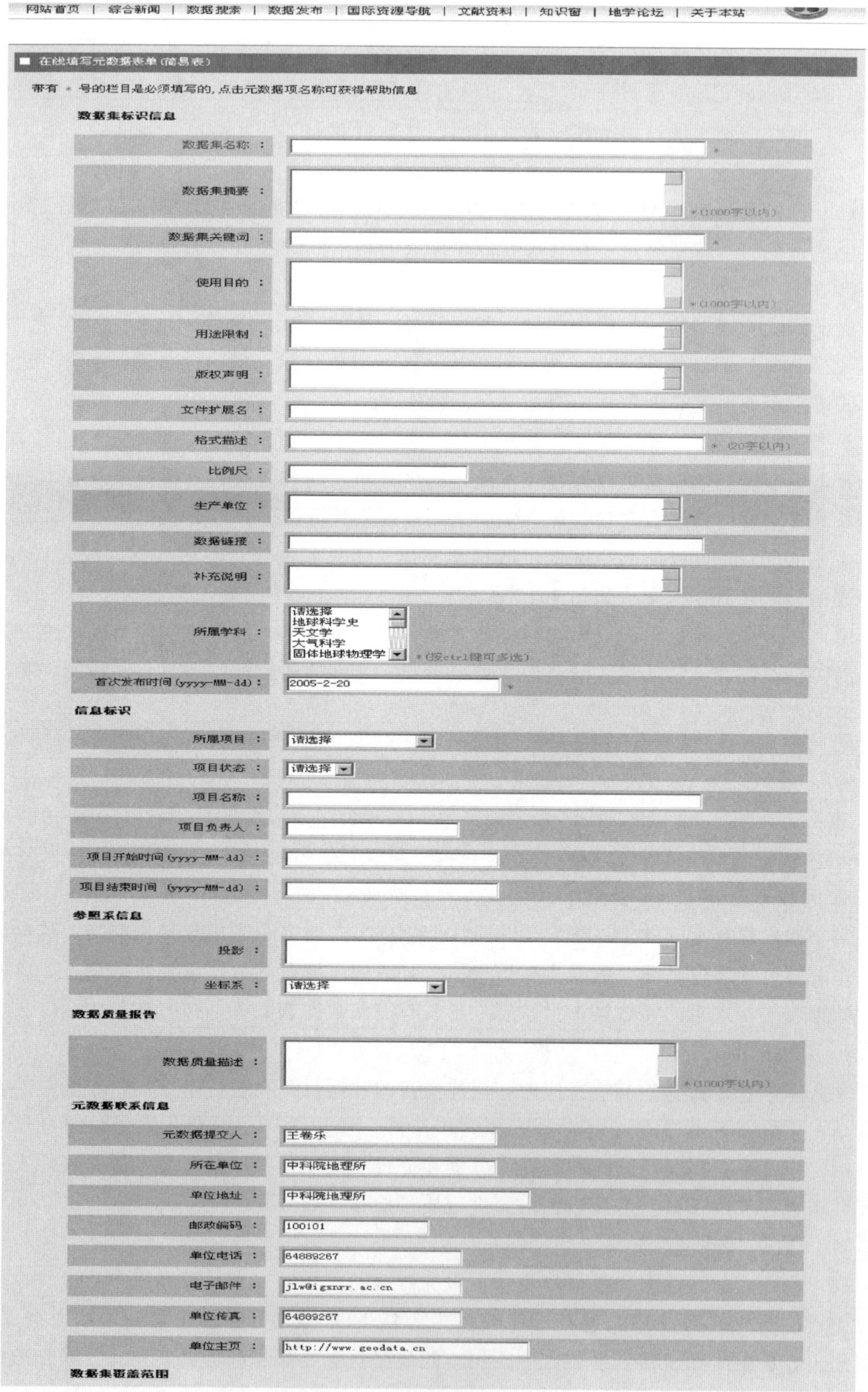
网站首页 | 综合新闻 | 数据搜索 | 数据发布 | 国际资源导航 | 文献资料 | 知识窗 | 地学论坛 | 关于本站
■ 在线填写元数据表单（简易表）
带有 * 号的栏目是必须填写的，点击元数据项名称可获得帮助信息
数据集标识信息
数据集名称 ： *
数据集摘要 ： *（1000字以内）
数据集关键词 ： *
使用目的 ： *（1000字以内）
用途限制 ：
版权声明 ：
文件扩展名 ：
格式描述 ： *（20字以内）
比例尺 ：
生产单位 ： *
数据链接 ：
补充说明 ：
所属学科 ： 请选择 地球科学史 天文学 大气科学 固体地球物理学 *（按ctrl键可多选）
首次发布时间（yyyy-MM-dd）： 2005-2-20 *
信息标识
所属项目 ： 请选择
项目状态 ： 请选择
项目名称 ：
项目负责人 ：
项目开始时间（yyyy-MM-dd） ：
项目结束时间（yyyy-MM-dd） ：
参照系信息
投影 ：
坐标系 ： 请选择
数据质量报告
数据质量描述 ： *（1000字以内）
元数据联系信息
元数据提交人 ： 王卷乐
所在单位 ： 中科院地理所
单位地址 ： 中科院地理所
邮政编码 ： 100101
单位电话 ： 64889267
电子邮件 ： jlw@igsnrr.ac.cn
单位传真 ： 64889267
单位主页 ： http://www.geodata.cn
数据集覆盖范围

图 9.16 元数据提交原型界面

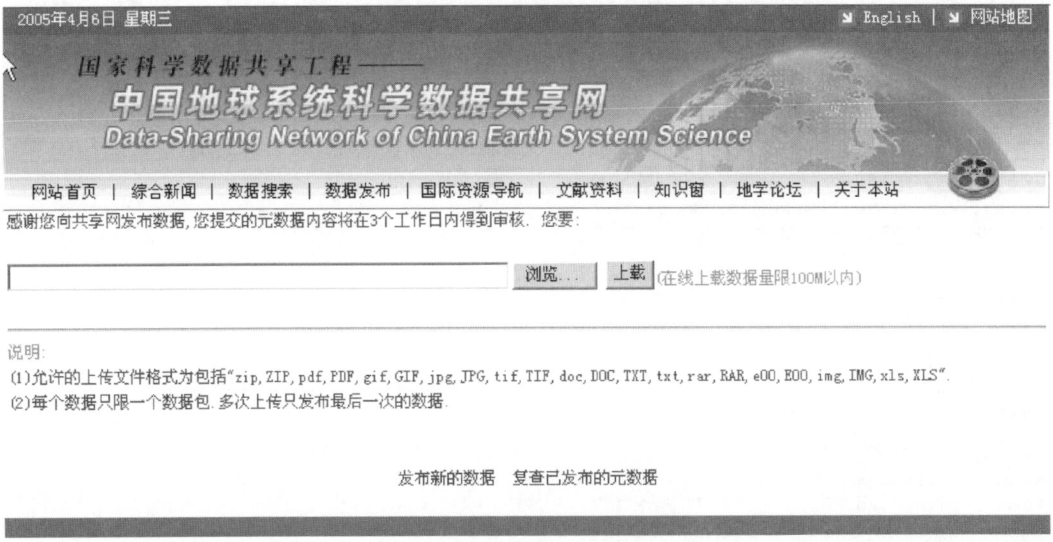

2005年4月6日 星期三　　　　　　　　　　　　　　　　　　　　　　　　▼ English ｜ ▼ 网站地图

国家科学数据共享工程──
中国地球系统科学数据共享网
Data-Sharing Network of China Earth System Science

网站首页 ｜ 综合新闻 ｜ 数据搜索 ｜ 数据发布 ｜ 国际资源导航 ｜ 文献资料 ｜ 知识窗 ｜ 地学论坛 ｜ 关于本站

感谢您向共享网发布数据,您提交的元数据内容将在3个工作日内得到审核。您要:

　　　　　　　　　　　　　　　　　　　　　浏览... ｜ 上载 (在线上载数据量限100M以内)

说明:

(1)允许的上传文件格式为包括"zip,ZIP,pdf,PDF,gif,GIF,jpg,JPG,tif,TIF,doc,DOC,TXT,txt,rar,RAR,e00,E00,img,IMG,xls,XLS"。

(2)每个数据只限一个数据包。多次上传只发布最后一次的数据。

发布新的数据　复查已发布的元数据

图 9.17　数据集提交原型界面

2005年4月6日 星期三　　　　　　　　　　　　　　　　　　　　　　　　▼ English ｜ ▼ 网站地图

国家科学数据共享工程──
中国地球系统科学数据共享网
Data-Sharing Network of China Earth System Science

网站首页 ｜ 综合新闻 ｜ 数据搜索 ｜ 数据发布 ｜ 国际资源导航 ｜ 文献资料 ｜ 知识窗 ｜ 地学论坛 ｜ 关于本站

◆ 发布新的数据

提交日期	状态	详细内容	是否已批准
2005-03-22 08:38:31.0	正常	进入	N
2005-03-22 08:37:25.0	正常	进入	N
2004-03-20 10:10:02.0	已要求删除	进入	Y
2004-03-20 10:04:00.0	正常	进入	Y
2004-03-20 10:02:37.0	正常	进入	Y
2004-03-20 09:54:32.0	正常	进入	Y
2004-03-20 09:53:12.0	正常	进入	Y
2004-03-20 09:51:11.0	正常	进入	Y

图 9.18　元数据复查原型界面

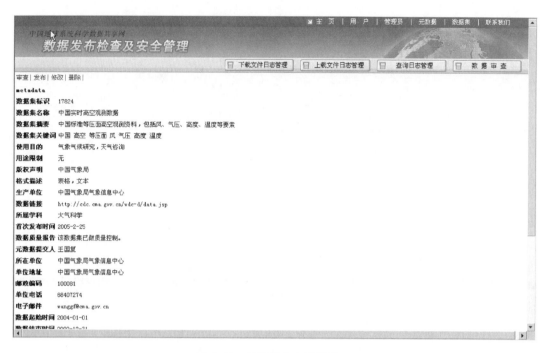

图 9.19　元数据审查原型界面

图 9.20　发布后的元数据访问原型界面

9.4.2　元数据发布系统

科学数据发布体系是一个围绕数据的管理和服务的信息流转系统。在科学数据共享环境中，科学数据分发系统通过元数据纽带，实现数据从汇集、发现、获取和用户使用的过程。

在地球系统科学数据共享平台中数据发布包括以下两个过程。1）数据汇交与发布。该过程主要由数据生产者和数据管理员参与完成。2）数据访问和获取。该过程主要由数据用户根据需要获取。

数据汇交分两个步骤进行。第一步填写并提交数据集的元数据信息；第二步发布数据集的访问服务，并与相应的元数据进行关联。用户完成数据汇交前台工作后，元数据及数据集的审核、修改和发布将在后台通过数据审查人员完成。

数据汇交与发布的界面如图 9.21 所示。

图 9.21　数据汇交原型界面

（1）元数据汇交

按照设计的元数据标准，将该核心元数据 XML Schema 嵌套在系统平台之中，开发相应的元数据汇交功能。该功能允许多源、异构数据分布式地在线填写元数据信息。元数据汇交的界面如图 9.22 所示，包括"标识信息"、"内容信息"、"分发信息"、"数据质量信息"四个主要部分，系统内嵌有"元数据标准参考信息模块"，该模块不需用户在线填写。

在每个模块当中，设定的元数据项目分必填和可选两种类型，并在相应的元数据元素之后以"＊"进行了标示。其中，"＊"标示必填字段，而"＊"标示在使用该"元数据组合"时必填，未标注的项为可选元素。

元数据汇交原型界面如图 9.22 所示。

在元数据提交过程中，如果用户遗漏了某些必填项，系统则会在提交时做出判断，并在界面上提供报错信息，用户可以根据提示重新检查并更正相关内容。

图 9.22　元数据内容汇交原型界面

（2）发布数据服务

数据服务是由地球系统科学数据共享网平台开发组提出的与元数据配套的概念，主要是指各种不同类型的数据资源对外提供服务的形式。目前，根据数据资源类型的不同，将数据资源实体封装成以下几种服务：文件服务、HTTP 服务、FTP 服务、数据库服务、地理信息服务和离线服务等，如图 9.23 所示。

① 发布文件数据服务

文件服务是对文件数据的封装。当用户想把本地机器上以文件形式存在的数据（包括文本报告件、图片、个人数据库、空间数据等）通过共享网对外共享时，可以选择文件服务形式。文件服务必须将具体的文件上传到数据中心中，具体参数包括：标题（文件服务的名称，用户自定义）、文件路径（要上传的本地文件路径）、关联元数据（与该文件关联的用户已经汇交的元数据）。

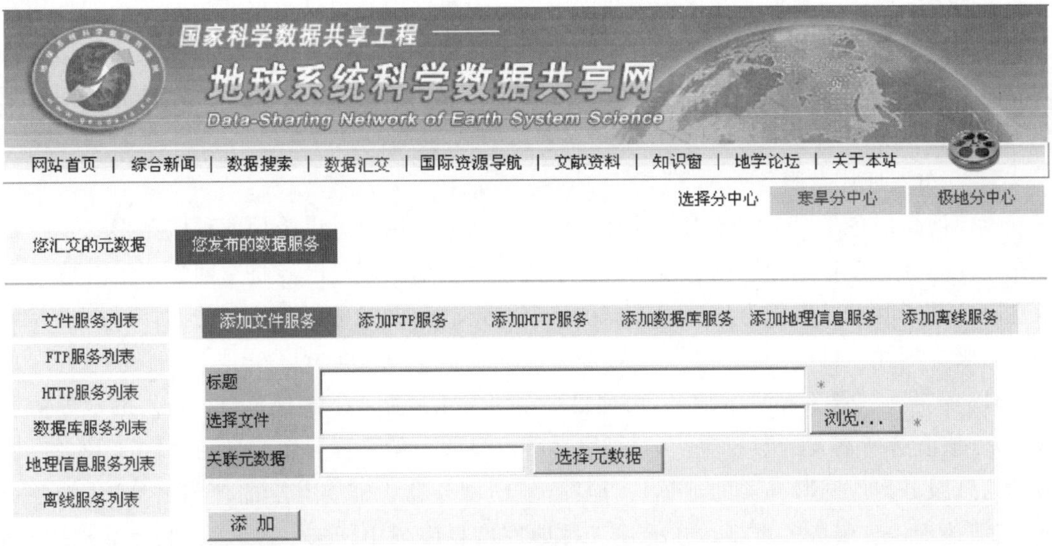

图 9.23　发布数据服务原型界面

② 发布 FTP 数据服务

FTP 服务是对 FTP 数据的封装。当用户的数据存放在 FTP 站点上，并且有能力对外提供长期稳定的共享能力时，可以选择 FTP 服务形式。FTP 服务不需要用户将共享的数据上传到数据中心中，只需要指明 FTP 服务站点的地址及其访问参数。该服务所需要的参数包括：标题(FTP 服务的名称，用户自定义)、FTP 服务器地址(FTP 服务的 IP 地址或 DNS)、端口(FTP 服务的端口号)、路径(共享数据所在 FTP 服务器的路径)、用户名(正确登录 FTP 服务器的用户名)、密码(正确登录 FTP 服务器的密码)、关联元数据(与该网络资源关联的用户已经汇交的元数据)。

③ 发布 HTTP 数据服务

HTTP 服务是对网络资源/数据的封装。当用户想把网络资源(门户网站、数据资源站点、网络专题数据集等)通过共享网对外共享时，可以选择 HTTP 服务形式。HTTP 服务不需要用户将共享的资源上传到数据中心中，只需要指明链接的 URL 即可。该服务所需要的参数包括：标题(HTTP 服务的名称，用户自定义)、URL(网络资源链接的地址，如 http：//www.geodata.cn)、关联元数据(与该网络资源关联的用户已经汇交的元数据)。

④ 发布数据库数据服务

数据库服务是对远程数据库表数据的封装。当用户愿意将自己的远程数据库数据(如 Oracle、SQL Server 数据库等)通过共享网直接对外共享时，并且有能力提供长期稳定的服务时，可以选择数据库服务形式，系统将保护数据库链接参数信息，保证用户的数据库不会受到网络上的攻击。数据库服务所需要的参数包括：标题(数据库服务的名称，用户自定义)、连接信息串(可利用向导产生)、数据库类型、表名或 SQL 语句(用户可以共享数据库中的某一个数据表也可以共享符合 SQL 查询条件的数据)、用户名(正确登录数据库的用户名)、密码(正确登录数据库服务器的密码)、关联元数据(与该数据库服务关联的用户已经汇交的元数据)。当然，对于本地数据库，如 Access、Excel 等，用户可通过文件服务的方式将本地数据库文件传到数据中心，由数据中心提供数据共享服务。如果用户不愿意通过数据库服务的形式直接共享数据库表数据，也可以将数据库数据做成数据库查询界面，通过 HTTP 服务的形式提供服务或以上所述的通过文件服务的方式上传到数据中心提供共享服务。

⑤ 发布地理信息服务

地理信息服务是对空间数据的封装。对于空间数据用户可以采用两种服务形式：一是选择文件服务直接将空间数据上传到数据中心；二是如果用户已经将空间数据配置成地理信息服务，同时自己有能力独立对外提供长期稳定的数据共享服务能力的话，可以选择地理信息服务形式。目前平台仅支持三种类型的地理信息服务形式：一是 WMS 服务、二是 ArcIMS 服务、三是 GeoMap 服务（由项目平台研发组遵循 WMS 规范自行研发的地理信息服务）。该服务所需要的参数包括：标题（地理信息服务的名称，用户自定义）、URL（提供地理信息服务的地图服务器的地址）、地图（地图服务器中需要共享的地图名称）、服务类型（当前地理信息服务的类型，在前述三种地理信息服务中任选一种）、关联元数据（与该地理信息服务关联的用户已经汇交的元数据）。

⑥ 发布离线数据服务

离线服务是不能在线共享的数据的封装。当某些数据因为数据量太大或国家安全或知识产权等问题，不能直接在线提供共享服务时，可以选择将这些数据设置为离线服务的形式。当然，共享网鼓励数据汇交者尽量能够提供在线服务的形式，以方便其他数据用户获取。离线服务的参数只包括标题（离线服务的名称，用户自定义）、关联元数据（与该离线服务关联的用户已经汇交的元数据）。需要以离线服务形式提供的数据资源，在元数据填写时一定要把数据资源的联系方式填写完整，以方便其他用户的获取。

数据生产者在提交完元数据和数据服务以后，可以进行二者的关联操作（选择元数据）。关联操作得到数据管理人员后台审批以后，数据使用者即可以在线查询到该元数据，并且访问相应的数据服务。

特别需要说明的是，元数据与数据访问服务的关系是一对多关系。即，用户提交的一条元数据，可以对应到多个类型的数据服务。例如，针对用户提交的一个"东北亚地区 2000 年土地利用图"数据集，用户在提交元数据以后提交了三个数据服务，包括"文件数据服务"、"FTP 服务"和"地理信息服务"。这三个数据服务都可以对该条元数据进行关联操作（选择元数据）。在通过后台审批以后，用户即可以在线查询到该元数据，并且访问到这三种数据服务中的任何一个。

（3）数据的访问和获取

根据数据内容的不同，共享网提供六种形式的数据访问。数据访问服务的获得可以通过两种方式。需要说明的是，用户要获得数据访问服务首先必须登录。用户的级别不同获得的数据访问内容也不同。

① 文件数据访问

如果查询到的数据集具有汇交的文件实体，则提供相应的文件数据访问服务功能。其操作步骤是点击文件名，可直接下载该文件。

② HTTP 数据访问

如果查询到的数据集具有 HTTP 在线地址，则提供相应的 HTTP 数据访问服务功能。其操作步骤是点击相应的 HTTP 链接，可直接在线访问数据。

③ FTP 数据访问

如果查询到的数据集具有 FTP 在线地址，则提供相应的 FTP 数据访问服务功能。其操作步骤是点击相应的 FTP 链接，可直接在线获取数据。

④ 数据库数据访问

如果查询到的数据集是数据库表格类型，则提供数据库访问的入口。用户可以点击数据库访问链接，获得相应的关系数据列表，并对过多数据项以分页的方式显示，便于浏览；用户可以根据自己的需要设置查询条件，进行二次查询，以便快速定位到所需的记录。

⑤ 地理信息数据访问

如果查询到的数据集是地理空间数据，并且它具有在线的地理信息服务，则可以直接点击"地理信息服务"获得相应的空间信息服务。该服务中系统会自动弹出地图浏览窗口，在该窗口提供了常用的空间漫游功能，包括：放大、缩小、平移、返回全范围等如图 9.24 所示。用户还可以根据自己的需要通过指定范围来下载该范围内的地图数据，需要说明的是：目前只有 GeoMap 服务支持剪切下载功能，默认的矢量数据采用 Shapefile 格式，栅格采用 ESRI Grid 格式。此外，用户可以在一个地图视窗内叠加其他服务，实现多个不同来源、不同类型地图服务的结合，例如：一个 GeoMap 地图服务提供全国的行政区划图，在其上可以叠加一个城市位置的 WMS 地图服务。用户还可以根据需要调整多个叠加地图服务之间的显示顺序，以及移除不再需要的地图服务。

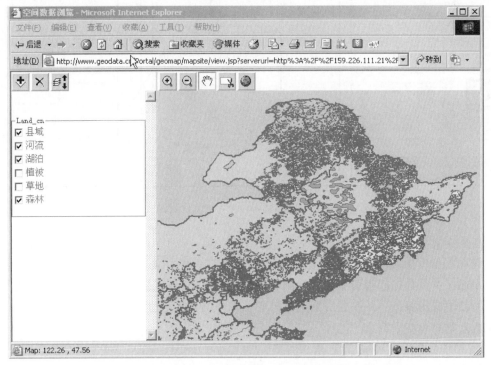

图 9.24　地理信息服务访问原型界面

⑥ 离线数据访问

由于某些数据因为数据量太大、国家安全规定或知识产权等问题，不能直接在线提供共享服务，便以离线的形式提供服务。对于离线数据，可以通过点击"离线数据"获得离线索取数据的联系方式和相关说明。

9.4.3　遥感影像网络发布系统

（1）遥感影像数据发布体系结构

遥感影像数据是一种重要的地学数据。尤其是随着当今对地观测技术和传感器分辨率的提高，海量遥感影像数据的管理、发布和在线服务对于科学研究有着重要的现实意义。在 GEODATA 共享服务体系中，有超过 500G 的遥感影像科学数据，普通的元数据发现机制为这些栅格信息提供了对外访问的出口。但考虑到遥感影像数据的可视化特点，在 GEODATA 中，利用元数据技术构建了一个简捷的遥感影像数据发布体系，该体系能够可视化地了解查询到的遥感影像信息，更符合用户的习惯。

1）系统层次设计

针对遥感数据的特点，设计了遥感影像网络发布系统如图 9.25 所示。整个系统被设计为三个层次，即用户界面层，应用服务层和数据资源层。

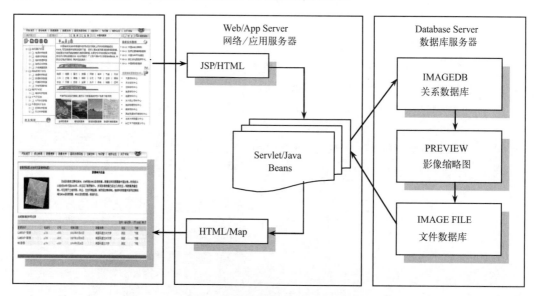

图 9.25　遥感影像发布系统结构图

在数据资源层中，超过 500 GB 的遥感影像数据，如 TM/ETM/MSS 影像被以文件数据存储在数据库中。调度管理层是一个中间层，它对外直接负责面向 Web 的应用接口，对内则通过关系数据库指引影像数据的物理路径。应用服务层是整个系统的难点，它包括两个关键的应用服务。其一为查询服务，它在用户层面上提供多路径的查询接口；其二为影像数据的显示与下载。

2）系统数据存储环境设计

创建遥感影像库的结构可以表示为：

```
CREATE TABLE IMAGEDB (
    IMAGE _ ID              NOT NULL INTEGER PRIMARY KEY;
    IMAGENAME               VARCHAR2(100),
    IMAGETYPE           NOT NULL VARCHAR2(100),
    FILETYPE                VARCHAR2(100),
    DESCRIPTION             VARCHAR2(2000),
    IMAGE _ PATH            VARCHAR2(100),
    IMAGE _ ROW             VARCHAR2(100),
    LOADLINK                VARCHAR2(100),
    EAST _ LONG             NUMBER(38),
    WEST _ LONG             NUMBER(38),
    NOTH _ LATI             NUMBER(38),
    SOUTH _ LATI            NUMBER(38),
    PRODUCER _ ID           VARCHAR2(100),
    COLLEC _ YEAR           VARCHAR2(20),
    COLLEC _ MONTH          VARCHAR2(20),
    COLLEC _ DAY            VARCHAR2(20),
    SATELLITE               VARCHAR2(100),
    DATASOURCE              VARCHAR2(200)
)
```

（2）遥感影像数据发布关键技术

1）遥感影像查询

遥感影像的元数据信息提供了遥感影像查询的关键词内容。查询的界面如图9.26所示。

由于遥感影像本身具有典型的位置信息，如轨道号、行号、经纬度范围等信息，所以在查询体系中除了基本的元数据信息匹配查询外，还借助于WebGIS技术建立了一个空间位置索引查询。如图9.26所示。

2）遥感影像浏览

遥感影像的浏览便于用户查询到实际的遥感影像数据以后，在确认下载前通过网上浏览了解图像的大致内容，以帮助用户进一步决定是否真正是自己需要的数据。遥感影像浏览需要做的关键一步是如何将存储于FTP服务器中的卫星影像缩略图通过编码和压缩传递到浏览器端。

这一技术是通过Servlet开发的。Servlet是一种在服务器端开发Web应用的Java技术。Servlet是Java 2新增的功能，它能像CGI一样扩展服务器的功能，但比CGI功能要更加强大，而且占用的服务器资源要比CGI小得多，因此在性能上要远远超过CGI，更能适应Internet的迅速发展。由于Servlet运行在服务器端，并采用请求－响应模式提供Web服务，因此Servlet具备了Java应用程序的所有优势——可移植、稳健、易开发。而且Servlet可以并发地响应所有来自客户端的请求，在内存中只有一个惟一的Servlet实例在运行，这大大提高了响应速度，节省了内存空间；还可以结合JDBC访问数据库，减少网络传输，减轻了服务器的工作，提高了数据处理的效率。

图 9.26　遥感影像查询原型页面

使用 Servlet 调用和传递影像图片的代码如下：

```
public void doGet(HttpServletRequest request，HttpServletResponse response)
throws ServletException，IOException {
    response. setContentType(CONTENT _ TYPE);
    String ftpServer=getServletContext(). getInitParameter("ftpServer");
    String preview = request. getParameter("preview");
    preview = new String(preview. getBytes("ISO8859－1"),"gb2312");
    String loadlink = request. getParameter("loadlink");
    loadlink = new String(loadlink. getBytes("ISO8859－1"),"gb2312");
    System. err. println("ftpserver:"＋ftpServer);
    URL url=new URL(ftpServer ＋ "/" ＋ loadlink ＋ "/" ＋ preview);
    InputStream ins=url. openStream();
    JPEGImageDecoder decoder = JPEGCodec. createJPEGDecoder(ins);
    BufferedImage image =decoder. decodeAsBufferedImage();
    ServletOutputStream sos = response. getOutputStream();
    JPEGImageEncoder encoder = JPEGCodec. createJPEGEncoder(sos);
        encoder. encode(image);
    }
```

其中

- ftpServer 代表存储遥感影像的 FTP 服务器位置(IP)；
- loadlink 代表所查询到的特定区域遥感影像的存储位置(Path)；

• preview 代表所查询到的特定区域遥感影像的缩略图文件名(Filename)。
浏览的效果见图 9.27、9.28 所示。

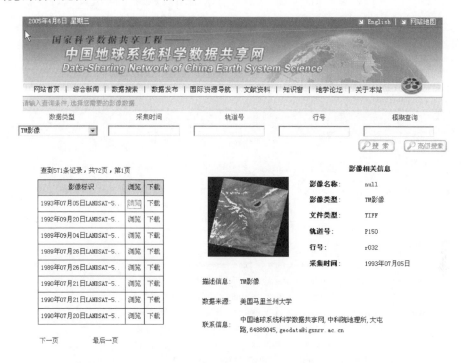

图 9.27 遥感影像浏览原型页面

图 9.28 图形化检索结果原型页面

3）遥感影像下载

当用户通过应用服务层发出一个请求后，系统会通过调度中间层查询到影像的物理存储位置，再把位置传递到 Web 接口，通过 Servlet 实现影像数据的显示，利用 FTP 实现数据的下载。如图 9.29 所示。

整个系统的通过 JSP、Servlet、JavaBean 的开发实现，并部署在 GEODATA 上，满足中国国家科学数据共享的需要。

图 9.29　遥感影像下载原型页面

第 10 章　海岸带及近海历史数据资源集成应用

本章将结合地球系统科学数据共享平台的数据资源体系建设，开展一些急需的区域数据资源整合。本项研究工作是在前述章节提到的技术方法指导下开展的，但由于数据整合集成是一项长期、复杂的基础性工作，其经验和认识需要持续积累，因此这并非是直接对前文的验证。

10.1　海岸带研究热点与数据需求

10.1.1　海岸带陆海相互作用研究

1990 年当国际地圈生物圈计划(IGBP)进入实施阶段时，组织了八个核心计划和三个框架活动。八个核心计划是：全球变化与陆地生态系统(GCTE)、水循环的生物圈方面(BAHC)、全球海洋通量联合研究(JGOFS)、海岸带陆海相互作用(LOICZ)、过去全球变化研究(PAGES)、国际全球大气化学(IGAC)、全球海洋生态系统动力学(GLOBEC)、土地利用与土地覆被变化(LUCC)。三个框架活动是：全球分析解释与建模(GAIM)、数据与信息系统(DIS)和全球变化的分析研究与培训系统(START)，如图 10.1 所示。

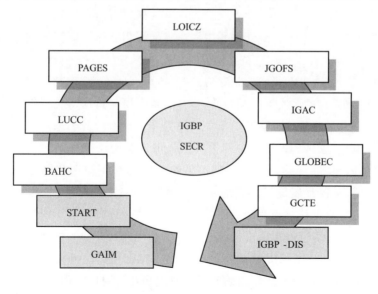

图 10.1　IGBP 的科学计划

海岸带陆海相互作用（LOICZ）的具体目标是：① 从区域和全球两种尺度来研究海陆交互作用；陆地、海洋、大气之间通过海岸带的物质能量；海岸带系统输送存储沉积颗粒和溶解物质的能力；海陆动力交互作用的基本特征，外力作用对海岸带系统结构和功能变化的影响。② 海岸带土地利用、气候、海平面和人类活动变化是怎样改变物质的输送沉积，以及对海岸动力地貌的影响。③ 海岸带系统对来自陆地和海洋两方面的有机质与氮输入的响应，以及对全球碳循环和大气痕量气体含量的影响。④ 评价海岸带系统全球变化响应对人类居住和利用海岸带环境的影响，为进一步的海岸带地区可持续的综合管理提供科学依据。LOICZ的框架行动包括：科学网络的建立，海岸分类，数据系统计划，观测的标准、协议与方法，LOICZ建模，海平面变化速率、原因和影响研究。

LOICZ的研究重点：

——外力作用和边界条件的变化对于海岸带物质能量的影响，特别是通过研究建立起动力模型，模拟海岸系统对于关键变量变化的响应，提高对环境演变的预测能力；

——海岸生物地貌与全球变化，研究海岸地貌对当代全球变化的响应及海岸发育的再造和预测；

——碳能量及痕量气体的排放，确定碳循环中海岸系统所占的数量，评价生态系统生产力；

——全球变化对于海岸系统在社会和经济方面的影响。

我国海岸带对于LOICZ研究具有优越的自然条件和良好基础，是进行LOICZ研究的理想区域。美籍中国海洋科学家薛亚先生指出"中国人口多，又密集于沿海，是人类活动与自然界冲突最大的地方。研究它的过去、现在、预测它的未来是很重要的，而且具有深远意义"。

近些年来国家自然科学基金项目指南一直将LOICZ列为"鼓励领域"，对LOICZ研究予以支持和扶植，已完成或正在进行中的国家自然科学基金重点项目有"黄海海底辐射沙洲形成演变研究"（王颖等，1998；李从先等，1997）和"长江河口陆海相互作用研究"等。一些学者近年发表文章还就进一步开展我国海岸带陆海相互作用研究问题，提出了不少重要的看法和意见。

例如：李凡（1996）认为，我们的策略应是"有所为有所不为"；"突出大河，落足生态，增强预测，积极合作"。张永战等（1997）认为，应"重点研究黄河、长江水沙变化与黄海辐射沙脊群、潮流通道及潮滩发育演变的正负反馈关系，揭示淤泥平原与堆积型大陆架的发育史。"刘瑞玉等（1997）代表LOICZ中国委员会提出的全面研究计划包括：中国海物质来源（主要是河流和风类）的变动；中国陆架海域物质的运移、输送和循环过程；中国海碳（C）、氮（N）等生源要素及痕量气体的通量与循环过程及量值估计（生物地球化学过程）；近海环境变化对生物资源补充和变动的影响；人类活动对近海生态系统与环境影响的趋势预测；陆架物质通量环境过程数值模拟及近海环境变化预测模型的建立。

我国更深一步的LOICZ研究目前还处在酝酿、讨论和启动的阶段。李春初、雷亚平（1999）认为：（1）海岸带陆海相互作用研究要紧紧围绕在关键地区即居于界面位置的"海岸带"做文章才好。"海岸带"顾名思义，是包括海和岸的一个地带，这个"带"就是陆海相互作用的地带。有岸无海，不是"海岸带"；有海无岸亦不能称为"海岸带"，这是一个空间概念。如果考虑到变化或时间概念，海岸带的范围就要更宽些。应从这样的视角来理解 LOICZ 研究包括海或陆架的问题才比较恰当，即不是单纯为研究海或陆架而研究海或陆架，而是为了研究海岸带的陆海相互作用及其时空演变过程才必须包括陆架海域。(2)海岸带陆海相互作用研究的主题或重心是陆海相互作用问题。现阶段有关研究设想或计划比较重视和注意陆对海的作用与影响问题(这是有意义的)，但是较为忽视海对陆的作用与影响的研究，即陆海相互作用主题的研究还不是十分明显和突出。(3)国际 LOICZ 研究计划是一个大纲性质的计划，其所列内容较广泛，但不少内容或要求并不十分明确或具体。对于我们这样的国家来讲，"有所为有所不为"的策略是正确的。现阶段我国的 LOICZ 研究工作虽有若干项目正在进行，但总的来说还比较零星和分散。如果能够提出意义重大和涵盖面较广的、既能与国际 LOICZ 计划接轨又有明显中国特色的具体研究课题和设想，相信会更好地推动我国这一方面的研究并取得重要的研究成果。

10.1.2　海岸带环境问题研究

陈述彭在 2006 年提到，我国自然科学基金委地球科学部启动、支持 LOICZ 研究，特别是 IGBP-CNC 正组织全国强大阵容来推动圈层互动研究。海气互动已取得了丰硕的成果，El Niño(厄尔尼诺)与我国旱涝强弱关系，陆气互动研究也取了重大创新业绩，如西藏高原臭氧槽的发现和碳素循环、酸雨等研究成果的诸多亮点，唯有海陆互动方面许多亟须解决的难题没有得到满意的答案。例如，地下咸水入侵、咸潮倒灌，海平面上升与地基下沉，海水淡化与风能利用，台风灾害预警应急方案，人工岛屿与海岸侵蚀、海防林更新与外来的物种入侵、大米草移植、海带南移、珊瑚礁、红树林保护，都进行了大量调研或科学试验工作，远没有达到国际上产业化和已经推广的技术水平。随着经济的发展，产值不高的盐田和水稻田明显地减少了，海水养殖，苗圃增加了，产业结构正在面临调整和改造。这些实际的生产问题，都期待以科学发展观为指导、以循环经济为准绳，节约资源、保护环境，进行系统的、机理的海岸带研究和生产实践。

地学学者和环境学者们从不同的角度对海岸带的环境问题进行了论述和阐明，沈瑞生等(2005)在这些成果的基础上从以下五个方面对海岸带所面临的环境问题进行了总结：地质灾害、气候灾害、生态破坏、环境污染和全球变化。

(1) 地质灾害

1) 海岸侵蚀。近百年来，中国大陆腹地的植被遭到严重破坏，西部地区的水土流失日益严重，使中国外流河的三角洲不断向海进积，中国海岸带的稳定是以此为基础的。但是，现在和将要面对的海岸带问题是这种泥沙供应格局正在和继续发生重大改变，海岸带的陆源物质供应不断减少，海岸将不断受到侵蚀。因为中国大陆目前正在实施一系列伟大工程，西部大开发工程中制定的退耕还林、退耕还牧政策将极大地改善我国西部的生态条件，水土流失问题将得到控制；三峡工程和其他大河上游水力枢纽工程的建设将极大地改善入海水量的时间调配和携带泥沙数量；南水北调跨流域调水工程则将改变我国水资源分布状况，直接使得长江口入海水量和携带泥沙量减少。据野外观察工作估计，目前约有

70％的沙质海滩和大部分处于开阔水域的泥质潮滩受到侵蚀（夏东兴等，1993），特别是河口区正发生着严重的海岸侵蚀，随着时间的推移这种影响将与日俱增。比如，位于江苏省内的古黄河口海岸区，由于目前基本无陆源河流的供沙，在波浪和潮流的共同作用下，正经历着严重的海岸侵蚀（陈吉余等，2002a）。另外，红树林、珊瑚礁海岸生态系统的破坏，沙质海岸的大量挖沙，也导致海岸地区发生着严重的海岸侵蚀。

2）地面沉降。水资源短缺是我国海岸带面临的重要问题，因此，导致的过度开采地下水引起地面沉降和海水入侵成为我国海岸带的重大环境问题。长江三角洲前缘一些地方因超采地下水导致地面沉降，范围甚广，苏、锡、常、沪漏斗几乎相连。上海自1925—1965年的40年间，地面沉降的总幅度达1.746 m，平均40 mm/a（刘铁铸，1996）；天津市区累计最大沉降量1959—1992年达2.7 m，沉降量大于1.5 m的面积由1978年的3 km²至1992年扩大为133 km²（金东锡，1994）。地面沉降导致楼房倾塌和地下管道变形，雨季洪灾为患，给居民生产和交通带来不便和严重损失。

3）海水入侵。超采地下水导致的海水入侵在中国的华北基岩海岸和沙质海岸区也陆续发生，面积达到1.43万km²，其中，以辽东半岛和山东半岛最为严重。海水入侵距离一般为5～8 km，最大达11 km，地下水含氯化物的浓度已达250 mg/L，甚至高达6000 mg/L。由于海水的入侵，全国每年减少开采地下水1.3亿m³，工业生产值减少3.6亿元以上。

4）地震灾害。我国海岸带处于亚欧大陆板块和太平洋板块的交界处，板块活动剧烈，主要存在海南、台湾—福建沿海、山东半岛、渤海沿岸几个多震中心。历史上我国海岸带发生的地震较多，如1604年泉州近海的8级大震，1605年海口的7.15级地震以及台湾岛沿海的地震，1668年山东郯城的8.15级地震，1975年海城的7.13级地震等。地震因其自身的特性偶尔光顾，但其破坏性是空前巨大的，已成为中国海岸带面临的主要环境问题之一。

（2）气候灾害

我国海岸带处于世界最大的季风影响区，热带气旋和西伯利亚强冷空气的影响强烈，在这种强烈的内外力的作用下，海岸带自然灾害发生频繁，台风、风暴潮和暴雨灾害频频发生，海冰因其自身的特性也时常光顾，其破坏性是空前巨大的。

1）台风和风暴潮。我国海岸带台风和风暴潮的频发程度居世界首位，它们往往伴随着狂风巨浪，导致水位暴涨，岸堤决口，农田受淹，房屋倒塌，人畜伤亡，酿成巨大灾害。据专家统计，台风和风暴潮是我国海岸带中最严重的自然灾害（杨华庭，1993；陈吉余等，2002b）。随着海岸带城乡工农业的发展和沿海基础设施的增加，由台风和风暴潮造成的损失仍在加重，成为沿海对外开放和社会经济发展的一大制约因素。

2）暴雨。暴雨对我国海岸带环境也带来重大影响，我国海岸带全年各月都有暴雨发生，夏半年多，冬半年少，主要集中于5—9月，尤以7—9月为最多。暴雨使海岸带洼地积水，产生内涝；大范围、强度大的暴雨，会造成山洪暴发，引起江河水位猛涨，堤坝决口，农田受淹，交通设施被毁，给海岸带的国民经济建设和人民生命财产带来严重损失。

3）海冰。我国北方海岸带处于各大河流的入海口海域，海水盐度低，每年冬季都有不同程度的海冰现象。据统计，1895—1990 年渤海、黄海共发生 12 次严重的海冰灾，平均约 10 年一遇。海冰的破坏力是相当大的，可挤压轮船变形、推翻海上观测平台和钻井平台，带走海上航标灯等，给人类的海上活动(海上航行、海洋资源开发)和海岸带国民经济建设造成严重损失。

(3) 生态破坏

1) 湿地破坏。湿地是生命之水，是人类最重要的环境资源之一，是多种野生动植物特别是许多濒危水禽赖以生存和繁衍的场所，具有降减污染，改善环境的作用。然而，由于对湿地保护认识不够，不当的人为活动使近年来我国湿地面积迅速减少，致使湿地的生产和生态功能迅速降低，湿地生态系统正面临着衰退的严重威胁。海洋环境质量公报中反映出：芦苇、沼泽、泻湖等滨海湿地丧失约 50%；红树林从 20 世纪 80 年代初期的约 4 万 km^2 降低到 90 年代的 1.50 万 km^2，而且多变为低矮的次生群落，渐失其经济和生态价值；珊瑚礁由于人为开采、电厂温排水、海上倾废、透明度下降等原因，近 10 年时间近岸珊瑚礁 80% 遭到不同程度的破坏(Woodworth *et al.*，1998；朱晓东等，2001)。

2) 水生生物破坏。如今，河口海岸区的生物多样性随着河口的衰亡而急剧下降，长江、松花江等河流的某些自然生长的梭鱼处于濒危状态，四大家鱼、鳗鱼、黄花鱼逐渐减少，许多鱼种呈现低龄化和个体小型化。最近几年发生的赤潮，间隔时间越来越短，殃及的海域面积越来越广大，造成的经济损失和生态破坏也是越来越惨重，有些海区如大连湾海区的海水富营养化程度较高，生物养殖场被迫停产。

(4) 环境污染

1) 水体污染。大量工业和生活污水注入海洋，使得中国近海成了一个纳污场。国家海洋局监测资料表明，渤海正在成为一个藏污纳垢的巨大垃圾场，珠江口海区的污染也超过了它的环境容量，成为严重污染的海区之一(Len *et al.*，1996)；农田化肥、农药随着径流入海，海区的富营养化程度加剧，赤潮发生频率增加；滨海旅游和陆源固废流失等人类活动将使塑料垃圾进入海洋，降低了海洋野生动物的生存能力，并且传播海洋疾病，降低了滨海的美学价值和旅游价值；海上油田的漏油，油船的失事，也造成了海洋的石油污染；沿海主要入海河流，如京津塘的滦河、海河，山东的小清河，辽宁的辽河、浑河、太子河、大小凌河等，70% 以上的河段为重污染和严重污染；南方沿海除长江和珠江等大江大河整体水质相对较好外，其余中小河流，尤其是城镇密集，经济发达的长江三角洲、浙闽沿海和珠江三角洲等，水质普遍较差。

2) 大气污染。大气污染导致的沿海酸雨不断增加，尤以山东半岛、长江三角洲、闽东南沿海和广西沿海最为严重，如上海酸雨发生频率近 50%，降水酸度平均值不足 5.0；福建厦门酸雨 pH 值最低达 3.8(陈吉余等，2002a)。

(5) 全球变化引起的海岸带环境问题

全球变化思想的提出，是继板块理论之后地学界最大的理论性突破。海岸带是位于海洋和陆地的过渡带，是全球变化最为敏感的地带。受全球变暖以及人类活动的影响，过去 100 年全球海平面上升了 10～25 cm，在 21 世纪，全球海平面上升量可能数倍于该值。政府间气候变化专门委员会(IPCC)权威评估报告认为：未来海平面上升速率约为 3～10

mm/a(张永战、朱大奎，1997)，到 2050 年海平面上升的最佳估计为 22 cm，到 2100 年的最佳估计为 48 cm。全球加速上升的海平面与中国沿海平原地带的自然和人为地面沉降相叠加，使中国沿海一些经济发达地区(如长江三角洲、渤海西岸滨海平原)至 2050 年相对海平面上升幅度可能达到全球平均水平的 2～3 倍。

相对海平面上升将诱发风暴潮、洪涝、海岸侵蚀、环境污染、海水入侵等灾害。同时使这些灾害相互作用和叠加，使它们呈加剧发展的趋势，无疑将是全球变化下中国海岸带面临的重大环境问题。

此外，相对海平面的上升将直接淹没我国海岸带的大片潮滩湿地和滨海低地，导致沿海宝贵土地及其他多种海岸资源的损失，大幅度地降低海堤、防波堤等海岸防护工程的防护能力，妨碍挡潮与排水海闸、港口码头基础设施功能的正常发挥，甚至威胁这些海岸工程的安全。全球气候格局也将因海平面的上升而发生巨大的改变。气候分带将因全球变暖而向赤道方向推移，并导致海岸带区域农作物结构和产量的变化。

10.1.3 海岸带综合管理

世界沿海各国已经逐步认识到进行海岸带综合管理是实现其可持续发展的必要手段之一。1992 年联合国环境与发展大会批准的《21 世纪议程》、1993 年世界海岸大会，都确认了实施海岸带综合管理的作用，并呼吁各国加强海岸带综合管理。世界海岸大会的文献中，把海岸带综合管理定义为：是一种政府行为，包括为保证海岸带的开发和管理与环境保护(包括社会)目标相结合，并吸引有关方参与所必要的法律和机构框架。海岸带综合管理的目的是，最大限度地获得海岸带所提供的利益，并尽可能减少各项活动之间的冲突和有害影响。海岸带综合管理应确保制定目标、规划及实施过程尽可能广泛地吸引各利益集团参与，在不同的利益中寻求最佳方案，并在国家的海岸带总体利用方面实现一种平衡等。

我国政府也积极响应，并迅速制定了《中国海洋 21 世纪议程》。其对综合管理的定义是：海洋综合管理应从国家的海洋权益、海洋资源、海洋环境的整体利益出发，通过方针、政策、法规、区划、规划的制定和实施，以组织协调、综合平衡有关产业部门与沿海地区在开发利用海洋中的关系，以达到维护海洋权益，合理开发海洋资源，保护海洋环境，促进海洋经济持续、稳定、协调发展的目的。

1972 年，美国政府率先颁布了海岸带管理法案，这标志着政府间进行海岸带管理活动的开始。到 20 世纪 70 年代末 80 年代初，许多国家开始实施海岸带管理、海岸带资源管理、海岸带区域管理等单因子海岸带管理计划。但由于单因子的海岸带管理模式难以适应处理错综复杂的海岸带问题，80 年代中期，面向整体的海岸带综合管理的思想开始萌发。

1992 年联合国环境发展大会 21 世纪议程中正式提出了综合海岸带管理(Integrated Coastal Zone Management，ICZM)的概念，强调从自然和社会经济两个方面，以可持续发展的观念进行海岸带资源开发与环境保护。1993 年，世界海岸带会议上，世界银行明确提出了一套综合海岸带管理的原则。该年开始启动海岸带管理的海岸带国家由 1974 年的 13 个增加到 56 个。目前几乎所有的沿海国家都在组织 ICZM 计划，只有少数国家(如美国、斯里兰卡)的计划已全面付诸实施。在实施海岸带管理的国家中,美国率先启动国家政府级的海岸带管理计划,加拿大是较早将地理信息系统(GIS)技术引入海岸带管理的国家之一。欧洲 1996 年启动了一个 ICZM 计划,它以约 35 个区域项目为基础,来阐明 ICZM 的应用。菲律宾、澳大利亚、哥斯达黎加等国也正在进行 ICZM 计划。

海岸带管理中涉及一系列的基本问题,例如,(1)海岸海洋海底立体监测与制图技术;(2)海岸海洋环境监测与海洋灾害预报、应急系统研究;(3)陆海相互作用与海岸海洋安全研究;(4)海岸海洋物质通量与影响及生态系研究;(5)一体化的管理系统研究等。

10.1.4　海岸带生态系统问题

海岸带是世界上自然资源和生物多样性极其丰富的生态系统之一。一个基于海岸带资源持续利用的管理策略应该有一个生态系统维护的核心目标,如维持生态系统的组成要素及其相互作用、系统动力和行为效果(欧维新等,2005)。研究表明,全球生态系统服务的年度平均值为 33×10^{12} 美元,其中海洋生态系统服务价值约占 63%,而这部分价值主要来源于海岸生态系统(Coastanza, et al. 1997)。

(1) 生态系统服务评估

国际上对海岸带生态系统服务功能与资源价值评估的研究已有 20 多年的历史。早在 20 世纪 70 年代,联合国就提醒各海岸国家,海岸带资源是一项"宝贵的国家财富",80 年代,西方许多学者提出了保护有限且又非常宝贵的海岸带资源以及研究海岸带资源价值的主张,以便限制消耗和给予保护与关心。近年来,在生态学、生态经济学和环境经济学的研究领域中,对海岸带生态系统服务和资源价值的研究已成为全球生态系统服务和功能价值研究的一个重要的方面,并取得了显著进展,如表 10.1 所示。

表 10.1　生态系统服务和资源价值评估方法的比较(徐慧等,2003)

评估技术类型	适应范围与条件	主要评估方法	优缺点
实际市场评估技术	有市场价格的物品	市场价值法(MV)、费用支出法	简便易行,结果客观;只能评估直接实物使用价值,低估存在消费者剩余的物品价值
替代市场评估技术	适应于没有直接的市场交易和市场价格,但具有这些资源所供功能或服务的替代品的市场和价格的资源	旅行费用法(TC)、替代成本法(RC)、恢复和防护费用法(DC)、生产成本法(PC)、影子工程法(SM)、享乐价值法(HP)、预防性支出法、疾病成本法、有效成本法等	是评估间接使用价值比较成熟的方法;难以找到能完全替代的物品,如旅游资源估价中往往会忽略时间价值、非使用者和非当地效益等
假象市场评估技术	适应于没有市场交易和实际市场价格的资源,要求研究样本人群 具有代表性,对所调查的问题感兴趣并有一定的了解	条件价值法(CVM)、支付意愿法(WTP)或受偿意愿法(WTA)	是当前评估非使用价值最好的方法;存在信息偏差、战略偏差,确定相关群体较难,价格和范围的敏感性大,评估要耗费大量资金、人力和时间,评估结果的可信度变化幅度大等

Coastanza 等(1997)综合各种方法首次对全球生态系统服务功能价值进行了评估，最先完成了对全球海岸带生态系统服务功能价值的估算。该研究评估了河口、海藻/海藻床、珊瑚礁、大陆架和潮滩沼泽/红树林湿地等各海岸带生态系统提供的扰动调节、营养物循环、废物处理、生物控制、物种生境、食物生产、原材料、娱乐、文化等九项服务和功能价值，结果表明，全球海岸带生态系统服务的年度价值为 $14.216×10^{12}$ 美元，占全球生态系统服务和功能价值($33×10^{12}$美元)的 43.08 %，相当于同期全世界 GNP($18×10^{12}$ 美元)的 78.98%。该研究成果的发表，不仅引起国际广泛关注，而且由于海岸带在全球生态系统服务功能价值中所占比重巨大，以及当前在海岸带投资成倍增长和资源价值利用竞争等因素造成的海岸带生态环境危机，使海岸带生态系统服务和资源利用价值评估研究，成为调整海岸带综合管理策略、指导实现海岸带资源可持续利用的一种重要研究方法。

李洪义等(2006)利用 ETM 遥感数据提取反映生态环境的植被、土壤亮度、湿度、热度指数，结合气象和其他地学辅助信息，经过对因子进行相关性分析从每类因子中选取与遥感本底值相关系数最大的指数作为评价指标，以遥感本底值为因变量和所筛选的评价指标为自变量建立多元线性回归方程，利用该模型对福建省 2001 年生态环境质量进行评价。

(2) 海岸系统脆弱性评估

海岸系统风险与安全综合评估的目标是从自然的、生态的和社会经济的观点出发，探讨自然变化和海岸人类活动影响导致海岸环境变化而产生的风险，探讨自然、生态和社会的共演过程，进行有关脆弱的海岸社区及其对于风险响应的基本分析。其重点之一是研究海平面上升和人类活动双重作用下海岸系统的演化过程、风险强度及动态变化、风险的时空分布，在环境的状态改变与社会经济系统脆弱性之间寻求联系。关键科学问题包括：多压力下海岸系统风险发生的机制、海岸系统脆弱性相应于海岸环境变化的可变性、在环境和人类活动的影响下海岸系统恢复力的稳定性和变化、不同适应对策对于海岸系统风险发生的时空影响、压力的小规模影响、海岸极端气候事件和相关风险事件变化的频率和强度，海岸系统承载力、海岸环境变化的关键阈值等。

储金龙等(2005)结合遥感和地理信息系统等技术，针对海平面上升的海岸脆弱性评估进行研究。内容包括：a)海岸系统内、外部驱动力及其关键变量的确定。b)预案的确定，合理选择和确定预案是正确评估海岸脆弱性及风险程度的关键。c)评估方法对海岸管理的实际指导作用。

(3) 生态恢复研究

海岸带是世界上最复杂和最不稳定的生态系统，目前虽然对生态系统退化总体原因已有所认识，但是对海岸带生态系统各部分之间以及其与海洋生态系统和陆地生态系统之间的关系和相互作用机理了解仍不够深入；对海岸带生态系统健康状况的功能性指标，缺乏研究，从而导致在恢复重建技术方法的应用上的盲目性和不确定性；海岸带生态系统修复和试验示范研究还停留在一些小的、局部的区域范围内或集中某一单一的生物群落或植被类型，缺乏海岸带整体系统水平出发的区域尺度综合研究与示范；海岸带恢复目标主要集中在生态学过程的恢复，没有与海岸带管理法律、法规以及海岸带社会经济发展和居民的福利有机地结合起来，生态修复往往难以达到最初的目标(李红柳等，2003)。

（4）景观分类研究

海岸带景观是陆地生态系统与海洋生态系统相互作用的生态过渡地带，也是人类赖以生存的非常独特的景观资源。海岸带植被景观具有较高的生产力和生物多样性，但随着区域人口增长与经济开发，有限的资源与脆弱的生态环境之间的矛盾日益突出，海岸带植被景观的破坏与损耗正在成为具有全球性的、关键性的环境问题。景观动态是景观内部各种矛盾与外部作用力相互作用的结果与表现，是景观由一种状态到另一种状态的转变过程。

汪永华、胡玉佳（2006）利用马尔柯夫过程模型，建立了海南岛东南海岸植被景观动态矩阵模型，预测了各景观类型处于相对稳定状态时所可能达到的面积比例之值。同时，国家"863"高技术研究发展计划资源与修复技术领域也设立了"渤海典型海岸带生境修复技术"等相关课题。

10.1.5　海洋国土的国家战略需求

中国全国人民代表大会于 1996 年 5 月正式批准"联合国海洋法公约"。依据公约的有关规定，1.3×10^8 km^2 的公海（全球陆地面积为 1.48×10^8 km^2）将以领海、毗连区和专属经济区等形式划归各沿海国家管辖。海洋权益因此改变，国际海洋秩序随之调整，推动沿海国对"海洋领土"的关注。基于主权与资源开发的需要，推动海岸与大陆架浅海成为海洋科学领域的新热点。

国家中长期科学技术规划中的重点领域及优先主题中有"海洋资源高效开发利用"和"海洋生态与环境保护"等主题。海岸带作为向海洋进军的桥头堡，具有重要的科学意义和现实意义。

主要数据需求：海岸带地形地貌等基础地理信息、海岸带及滩涂资源历史综合考察资料、海岸带及滩涂资源历史图集等。

（1）全球变化对海岸带脆弱性影响研究的需求

海岸带是陆地系统和海洋系统的一个接合部，是一个敏感带、过渡带，所以其环境和生态系统分别受来自陆地和海洋（包括大气）的双重影响，因此它们对于大范围各种自然过程变化所引起的波动和人类活动的影响十分敏感，生态系统平衡十分脆弱。

主要数据需求：海岸带的土地利用、滩涂资源、港口资源、林业资源等自然资源数据，海岸带的潮间带环境变化、近海水质、土壤污染等生态环境数据等。

（2）地球系统圈层耦合相互作用研究的需求

基于系统整体观发展的地球系统科学则将地球作为一个整体来研究的全部知识，是对地球的大气圈、水圈、生物圈和岩石圈中的各种作用及各圈层间相互作用进行的研究。海岸带是陆地、大气、海洋之间相互作用的界面，它对于地球系统圈层耦合相互作用研究具有重要的科学意义。

IGBP 第二阶段仍然将"陆海相互作用研究科学计划"（LOICZ）作为其重点内容之一。具体包括五项研究内容，即：1)海岸带系统的脆弱性和灾害；2)全球变化对海岸带生态和可持续发展的潜在影响；3)人类活动对河流流域和海岸带相互作用的影响；4)海岸带和大陆架水体的生物地球化学循环；5)对陆海相互作用加以管理，以便海岸带系统可持续发展。

主要数据需求：海岸带地表过程数据、海岸带生态环境数据、海岸带及近海生物地球化学数据、海岸带土地利用/覆被数据、河口海岸水沙运移数据等。

（3）海岸带区域可持续发展与综合管理的需求

海岸带是全世界人口、产业和城市最密集的地带，是全球人类文明的精华荟萃之地。世界一流的大城市大多形成于海岸带，然后才向内陆发展延伸。自二战以来，由于爆炸性的人口膨胀、快速的工业化和城市化进程，这一区域已呈现出越来越严重的人口增长、产业过度、城市恶性膨胀、资源耗竭、环境污染和生态危机等问题，急需寻求一条能协调人口、资源、环境、发展之间关系的可持续发展道路。研究海岸带，合理开发保护它，对沿海区域持续发展有重要的意义。

经济的发展和人类的生存要求未来海岸带系统和生态系统进入良性循环系统，制定长周期的海岸管理政策，也需要人们预先认识未来气候变化、土地利用及其他人类活动影响下海岸环境和生态系统的变化及其反馈作用规律性。

主要数据需求：海岸带人口与社会经济数据、海岸带城市化数据、海岸带资源开发利用数据、海岸带环境灾害数据等。

10.2 海岸带及近海主体数据库体系设计

10.2.1 地球系统科学数据共享平台主体数据库体系

地球系统科学数据共享网的数据资源体系是基于主体数据库构建的。现有的数据体系包括地理科学主体数据库、人文过程主体数据库、资源科学主体数据库、极地研究主体数据库、固体地球主体数据库、空间科学主体数据库和对地观测主体数据库七个。

在数据资源组织的技术层面，这些主体数据库是通过元数据的功能实现虚拟重组的。这些主体数据库数据资源实体分布在"共享网"的总中心和分中心，它们以库表或文件的形式存储。总中心通过对这些数据集的编码属性进行约束实现主体数据库的虚拟组合。不同的主体数据库被赋予相应的编码属性，这些属性信息是元数据的一个元素项。通过元数据的统一检索机制，实现主体数据库的主题目录服务。整个体系结构如图10.2所示。

总体而言，经过试点阶段的数据资源建设以主体数据库为主线，集成分布在高等院校、科研院所的数据资源，引进国际数据，同时利用业务部门数据，通过多学科数据融合，产生地球系统研究所需的综合性数据集。数据内容涵盖陆地表层多元参数、生态环境变化与过程、对地观测、南北极与青藏高原研究、地球物理与地球化学、日地系统与空间环境、人地关系等领域。

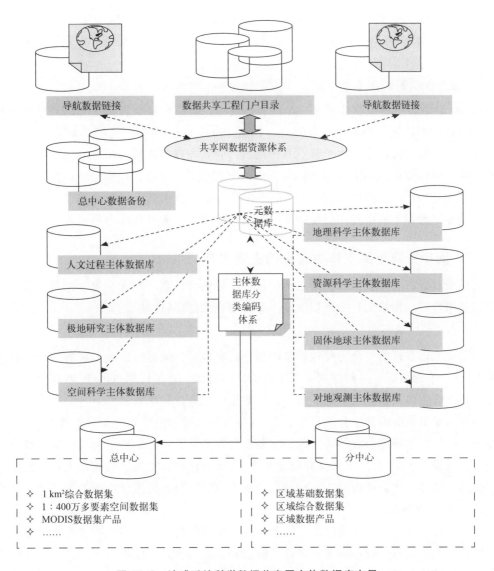

图 10.2　地球系统科学数据共享网主体数据库布局

10.2.2　海岸带及近海主体数据库的目标与范围

结合地球系统科学数据共享网的总体发展框架，海岸带及近海数据是其重要的一个组成部分。由此，提出"海岸带及近海主体数据库"（Coastal Zone and Offing Master Database，CZOMD）的构建设想。

（1）CZOMD 的目标

"海岸带及近海主体数据库"的建设目标可以概括为：基于地球系统科学数据共享网的领域定位和总体目标，从海岸带自然环境和自然资源两大主题出发，整合我国历史的、现在的和将来的海岸带及近海数据资源，通过 2～3 年的建设，规范化整合海岸带气候、水文、海水化学、地质、地貌、土壤、植被、海洋生物、矿产、人口与社会经济等若干专题要素数据，在此基础上加工生产海岸带的专题数据集和高级数据产品，在统一的时间序列和空间尺度内构建"海岸带及近海主体数据库"，并在信息技术的支持下提供网络数据共享服务。

（2）CZOMD 的数据整合范围

CZOMD 数据资源整合边界是一个综合的范围。就海岸线而言，它北起辽宁省的鸭绿江口，南达广西壮族自治区的北仑河口，长达 18000 km。海岸带数据资源的整合以海岸线为中心，向陆、海两个方向扩展。具体而言，它首先遵循我国海岸带和海涂资源综合调查的范围，即由海岸线向陆延伸 10 km，向海延伸至负 10～15 m 等深线；其次参考地球系统科学研究中广泛采用的 IGBP 定义的海岸带范围；再次，为便于数据资源整合，会在某些要素专题数据集成中使用行政边界，例如沿海省、市人口和社会经济数据库。

10.2.3　海岸带及近海主体数据库的主要内容

海岸带及近海主体数据库包括三个层次的主要内容。第一层次是海岸带基础数据；第二层次是海岸带通用数据；第三层次是海岸带复合数据集（产品）。

（1）海岸带基础数据

海岸带基础数据的整合主要包括基础地理信息数据、遥感影像数据和海岸带综合调查相关的 10 个专题数据。时间序列上至少应保证 20 世纪 70 年代到目前的 30 年序列。此类数据是海岸带主体数据库的基础数据，强调数据的规范性和序列性。

按照海岸带数据资源整合的目标，参考《中国海岸带和海涂资源综合调查报告》中划分的专题，将从自然环境和自然资源两大主题整合数据资源。初步拟定的基础数据整合内容将包括：气候、水文（含海洋水文和陆地水文）、海水化学、地质、地貌、土壤、植被和林业、生物、环境、社会经济等 10 个专题（如表 10.2 所示），具体分析如下。

1）气候专题数据

气候既是海岸带自然环境的重要因素，也为海岸带提供了资源。我国海岸带漫长，南北纬度跨距大，地形复杂，造成海岸带气候南北差异显著，气候类型多样。然而，就全国而言，其地理位置正处于典型的季风气候区域，具有典型的季风气候特点。同时，海岸带还具有明显的过渡性气候特征、多变的气象要素等。

气候专题数据的要素包括：太阳辐射与日照、气温、降水、风、湿度和蒸发、主要灾害性天气。

2）水文专题数据

水文数据包括陆地水文和海洋水文两个方面。陆地水文包括降水、蒸发、径流、泥沙、入海水量和入海沙量等主要水文要素的变化过程和分布特点。海洋水文则包括水温、盐度、潮汐、潮流、余流、海浪、风暴潮、泥沙、海冰等。

水文专题数据的要素包括：陆地水文、海洋水文和重点海域水文特征（包括黄河口、长江口、辐射沙洲、杭州湾、珠江口）。

3）海水化学专题数据

海水的化学特征对于研究海岸带初级生产力等问题具有重要的意义。海水化学特征主要由海岸带及近海的环境因素和物理—化学过程所影响和决定。一般说来，环境因素包括：地形、海流、气温、水温、盐度、河流、生物和沉积物。物理—化学过程，特别是界面交换过程和通量也对海水化学特征有重要影响。

海水化学专题数据的要素包括：溶解氧、酸碱度(pH 值)、磷酸盐、硅酸盐、硝酸盐、亚硝酸盐、铵盐等。

4）地质专题数据

海岸带地质发育比较齐全，由北向南跨越了华北、扬子和华南三个一级地层区和 13 个二级地层区。华北地层区包括辽、冀、津、鲁和江苏小部分地区；扬子地层区包括海州—泗阳深断列、郯庐深断裂以南的江苏大部、上海和浙江一部分；绍兴—江山深断裂以南为华南地层区，包括浙江大部、闽、粤、桂和台湾。

地质专题数据的要素包括：第四纪地质、水文地质和工程地质等。

5）地貌专题数据

我国海岸带由北而南跨越了不同构造、地貌单元。构造和地貌单元控制着海岸类型的大格局。同时，气候因素、河流影响、生物作用、人类活动等多种因素的长期相互作用也直接影响着我国海岸带的形态与动态。

地貌专题数据的要素包括：海岸带地貌类型、海岸类型、现代沉积物、海岸历史变迁。

6）土壤专题数据

土壤是气候、母质、地形、生物等自然因素长期综合作用的产物，人类的活动对土壤的形成、发育也有很大的影响。由于海岸带是一个十分复杂的地区，纵跨热带、亚热带、暖温带等三个气候带，横跨海、陆两大生态环境；有丘陵、山地、平原、河口、港湾、海岛等多种地貌和海积、湖积、冲积、洪积、残积、坡积等多种母质类型；还受着人类 6000～7000 年活动的影响，因此，海岸带的土壤类型是复杂和多样的。

土壤专题数据的要素包括：土壤类型、土壤分布、潮上带土地利用、潮间带滩涂资源。

7）植被专题数据

由于我国海岸带跨越热带、亚热带和暖温带等不同的生物气候带，水、热条件悬殊，地表的基质又很不相同，因此在整个海岸带发育着多种多样的植被类型。

植被专题数据的要素包括：植被类型及分布、植被生态、自然保护区分布、主要植物资源、主要造林树种。

8）海洋生物数据

海洋中有机物的生产主要靠个体微小、数量巨大的单细胞浮游藻类，通过光合作用产生有机物，因此浮游植物是海洋中主要营养物的生产者，是食物链的第一个环节。它们被植食性的浮游动物或大型底栖生物摄食，这些生物构成食物链的第二级，其中有些种(如双壳贝类的蛤、蚶、蛏、牡蛎、贻贝，甲壳类的毛虾等)可直接供人们食用；有些种属被大型鱼虾或头足类吞食，构成食物链的第三级或第四级，其中数量大的经济种成为捕捞对象，是食物链的终级。海洋生物资源的质量变化，不仅受自然环境变化和人类活动的影响，也受饵料和其他条件的制约。

海洋生物专题数据的要素包括：初级生产力、浮游植物、底栖生物、潮间带生物、游泳生物和海洋微生物等。

9）环境质量

近年来沿海地区经济发展非常迅速，增建和扩建了许多港口和工矿企业，海运发展很快，沿海城市、乡镇企业发展尤其迅速，人口急速增多。因此，排入海岸带的工业和生活"三废"随之增多，故环境质量状况不断恶化。环境质量已经受到广泛的重视和关注。

环境质量专题数据的要素包括：海岸带污染源、水质、沉积物、环境质量分类及评价等。

10）人口与社会经济

海岸带提供极大丰富的海洋资源。其自然资源是人类经济发展和生存的重要保障。同时，海岸带为人类提供了最佳的生存环境，是人类最向往居住的地方。海岸带已成为人类生存和经济发展的重要场所。同时，海岸带也是全世界产业和城市最密集的地带，是全球人类文明的精华荟萃之地。世界一流的大城市大多形成于海岸带，然后才向内陆发展延伸。近几十年来，快速的工业化和城市化进程，这一区域已呈现出越来越严重的人口增长，产业过度，城市恶性膨胀、资源耗竭、环境污染和生态危机等问题，急需寻求一条能协调人口、资源、环境、发展之间关系的可持续发展道路。

人口与社会经济数据的要素包括：含人口、城镇、工业、农业、交通、旅游、资源开发等。

海岸带数据资源的专题和要素如表 10.2 所示，它包括 10 个专题，38 个子专题和若干的要素。

表 10.2　海岸带数据资源整合的基本要素表

序号	海岸带专题	要素	说明
1	气候数据（七个子项）	太阳辐射	包括年太阳总辐射的分布、太阳总辐射的年变化
		日照	包括日照时数（年日照时数、日照时数的年变化）、日照百分率（年日照百分率、日照百分率的年变化）
		气温	包括平均气温（年平均气温、季节变化、）、气温年、日较差与大陆度、气温的极端值（极端最高气温、极端最低气温）、界限温度初、终期和累积温度
		降水	包括年降水量、降水量的季节变化、降水量的年际变化、降水强度、降水日数（年降水日数分布、最长连续降水日数和最长连续无降水日数的时空分布）、降雪和积雪（降雪日数、降雪初终期、积雪日数、积雪初终期、积雪深度）
		风	包括风向的季节变化、风速、风速的日变化和海陆风、风压
		湿度和蒸发	包括湿度、蒸发量
		主要灾害性天气	包括台风（台风编号、台风的生成源地与频数、台风路径、登陆台风概况）、大风（年大风日数、大风日数的季节变化）、寒潮和强冷空气、暴雨（年暴雨日数的分布、季节分配、强度）、雾（年雾日数、季节分布）

序号	海岸带专题	要素	说明
2	水文数据 （3 个子项）	陆地水文	包括径流量、泥沙、入海水量、入海沙量
		海洋水文	水温、盐度、潮汐、潮流、余流、海浪、风暴潮、泥沙、海冰
		重点海域水文特征	黄河口（悬沙、潮汐及潮流、水温与盐度）、辐射沙洲（潮汐、潮流、余流、波浪）、长江口（径流、河口潮波、潮流、盐淡水混合、泥沙及其运移）、杭州湾（强潮、强混合盐度、高含沙量）、珠江口
3	海水化学数据	物理—化学要素	溶解氧、酸碱度（pH 值）、磷酸盐、硅酸盐、硝酸盐、亚硝酸盐、铵盐
4	地质矿产数据 （4 个子项）	第四纪地质	成因、火山岩及火山活动、地层、沉积分区
		水文地质	包括地下水分布、地下水的补给、径流和排泄、地下水化学特征、水质评价、地下热矿水
		工程地质	海岸带工程地质条件、工程地质分区
		矿产资源	包括黑色金属、有色金属、稀有金属、分散元素、燃料矿产、冶金辅助原料、化工原料矿产、建筑材料矿产、特种非金属矿产、其他非金属矿产等
5	地貌数据 （4 个子项）	地貌类型	潮上带地貌、潮间带地貌、近海海底地貌、河口地貌
		海岸类型	基岩岸、砂砾质岸、淤泥质岸、珊瑚礁岸、红树林岸
		现代沉积物	沉积物类型、重矿物、黏土矿物、微体生物
		海岸历史变迁	包括下辽河海岸、渤海湾海岸、江苏海岸、长江河口和长江三角洲、钱塘江河口、杭州湾、珠江三角洲
6	土壤数据 （3 个子项）	土壤类型	包括土壤的类型和分布
		潮上带土地资源	包括耕地、园地、林地、草地、水域、城乡工矿地、交通地、特殊地
		潮间带滩涂资源	包括滩涂资源的数量和分布
7	植被和林业数据 （5 个子项）	植被类型及分布	包括自然植被（滨海丘陵山地植被、滨海沙生植被、滨海盐生植被、沼生和水生植被）和人工植被（农业植被和林业植被）/纤维植物、淀粉植物、油料植物、药用植物、香料植物、牧草植物
		植被生态	包括针叶林资源、阔叶林资源、红树林资源、沙生植被资源、盐生植被资源、华南沿海丘陵台地植被资源
		自然保护区分布	包括现有保护区的调查和分布数据
		主要植物资源	包括大米草、芦苇、单叶蔓荆、茳芏和短叶茳芏、海三棱藨草等
		主要造林树种	包括防护林树种、用材林树种、薪炭林树种、经济林树种、风景林树种

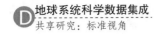

续表

序号	海岸带专题	要素	说明
8	海洋生物数据（六个子项）	初级生产力	初级生产力的数量和分布
		浮游植物	浮游植物的种类、数量和分布
		底栖生物	底栖生物的种类、数量和分布
		潮间带生物	潮间带生物的种类、数量和分布
		游泳生物	游泳生物的种类、数量和分布
		海洋微生物	海洋微生物的种类、数量和分布
9	环境质量数据（三个子项）	污染源	包括污染源分类和分布
		水质	包括有机物污染、石油、重金属污染、有机氯农药
		环境质量分类和评价	评价内容包括地下水、土壤、潮间带和近海
10	人口与社会经济数据（二个子项）	人口	包括人口数量、人口性别比和劳动力、人口的文化素质等
		社会经济	包括社会产业、结构、分布等

（2）海岸带通用数据

海岸带通用数据资源依托于自然资源这一主题，在基础数据的基础上，利用专业模型运算、历史数据比较、多种数据融合，形成一系列的矢量和栅格空间数据集产品。

这些数据以第一层次基础数据为基础，经过专题化加工形成通用的数据资源。具体包括土地资源、淡水资源、海水资源、海洋生物、植物资源、森林资源、港口资源、矿产资源、海洋再生能源、旅游资源等10个类别。这些数据通过空间可视化的图集和属性列表的形式供相关学科应用。在数据的空间尺度上，初步把他们都统一在1：100万这个尺度上。此类数据是海岸带主体数据库的主要数据，强调数据的初步集成性和普适性。

（3）海岸带复合数据集（产品）

海岸带研究的方向很多，它们对数据资源的需求是广泛而分散的。结合地球系统科学数据共享网的阶段目标，当前海岸带数据资源的整合仍然关注与人地关系联系密切的问题，所以以海岸带环境演变为主题建立相关的数据集。

诸如，海岸带生态系统生产力数据、海岸人口集聚过程与变化数据、海岸蚀积动态变化数据、海岸生态与湿地演化数据、海岸资源利用数据。

1）海岸人口集聚过程与变化趋势。海岸带快速城市化带来了海岸地区的强烈人类活动。利用多时相卫星遥感影像获得城市建设用地、绿地、水体等环境要素的变化动态以及农村居民点的扩展与演化；通过基于海岸城镇建设用地的城镇化梯度及其演化过程分析，反映海岸人口的集聚过程和人口的向海移动趋势、人口的时空分布等，提高海岸风险人口估算的准确性。

2）海岸蚀积动态变化研究。正确预测和模拟岸线动态变化过程对于提高海岸系统风险评估的精度十分重要。通过多时相遥感影像叠置，并结合沉积动力过程研究，可以反映三角洲平原及其海岸线蚀积动态变化过程、淤积与侵蚀面积的变化及其空间动态，并预测其未来演化趋势。

3）海岸生态与湿地演化。对沿岸潮滩利用的历史与现状数据进行分析，获取潮滩湿地演变和开发利用过程的信息，同时进行人类对潮滩的利用、潮滩湿地生态演替过程、生物多样性变化、海堤建设与岸线演变的相关性分析，以确定海岸自然过程与人类活动影响之间的耦合作用。

4）海岸资源利用。海岸资源可以分为土地资源、空间资源、景观资源、水资源等类型。通过土地利用与覆被变化的分析，可以得出这些资源的利用状况和变化趋势；结合社会经济统计数据进行资源利用与社会经济发展的相关性分析，可以建立预测未来海岸资源利用趋势的模型，这对于建立海岸环境预案和社会经济发展预案是十分必要的。

10.3　海岸带数据资源集成技术

10.3.1　海岸带基础数据资源整理

围绕 CZOMD 的总体目标，整理了以下基础数据：

（1）收集了 67 景覆盖中国海岸带不同时期的 ETM＋卫星数据。

（2）收集 942 幅 1∶50000 地形图，扫描存档，10.8 GB。

（3）录入和整理 80 年代海岸带调查专题数据，224 张表格。

（4）收集 DEM 数据，及相关基础地理数据，270 MB。

（5）收集和处理全球海岸线现状数据，2.6 GB。

基础数据清单如表 10.3 所示。

表 10.3　CZOMD 基础数据清单

数据类型	数据名称	时间序列(年)	空间范围	数据格式	存在问题
卫星影像	MSS	1978—1980	部分海岸带	TIF	需拼接，镶嵌
	TM/ETM＋	1990—2003	整个海岸带	TIF	需拼接，镶嵌
	CBERS	2003—2005	整个海岸带	TIF	需校正，镶嵌
	MODIS	2003—	整个海岸带	HDF	需校正，镶嵌
矢量数据	1∶10 万土地利用数据	2000	全国	ArcInfo	需拼接，转换，索引
	1∶25 万地形数据	2005	全国	ArcInfo	需拼接，转换，索引
	1∶100 万土壤数据	2004	全国	ArcInfo	需拼接，转换，索引
	1∶400 万基础地理数据	2000	全国	ArcInfo	需拼接，转换，索引
	岸线矢量数据	2005	中国海岸线	ArcInfo	需拼接，转换，索引
图集数据	1∶20 万分省海岸带调查图集	1980—1986	海岸带调查范围	JPG	需收集、数字化、几何校正、拼接、属性匹配
表格数据	海岸带调查报告	1980—1986	海岸带调查范围	文本	手工录入

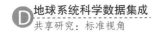

续表

数据类型	数据名称	时间序列(年)	空间范围	数据格式	存在问题
文本信息	分省海岸带调查报告	1980—1986	海岸带调查范围	文本	手工录入
	分专题海岸带调查报告	1980—1986	海岸带调查范围	文本	手工录入
	文献数据			文本	手工录入

注：海岸带调查图集(分省)共有 710～1420 幅图。

10.3.2　海岸带综合数据资源整理

地球系统科学数据共享网已经收集和整理了部分海岸带区域数据。这些数据资源将统一纳入 CZOMD 管理和共享。这将为未来第二层次、第三层次数据的整合集成提供基础。

已有的共享数据包括：黄河三角洲、长江三角洲、福建东南沿海数据等。

（1）黄河三角洲数据资源

1）1855 年以来黄河三角洲地貌发育数据。将该数据集的数据按照统一尺度、统一格式进行修订；1855、1937、1954、1964、1977、1991 年。

2）1855 年以来黄河三角洲海岸线动态变化数据。基于 MSS/TM/ETM＋解译产生的 1855、1937、1954、1964、1976、1977、1981、1984－1989、1991－2000 年 24 条海岸线。

3）黄河三角洲土地利用/土地覆被数据。海水、内陆水体、旱地、水田、林地、灌草地、苇地、滩涂、居民地、盐田、未利用地共 11 类。1∶10 万，其中 2005 年为 1∶5 万，范围现代黄河三角洲。1956，1984，1991，1996，2000，2001，2005 年。

4）1986 年以来黄河三角洲湿地动态变化数据。低潮滩、中潮滩、高潮滩、盐碱滩、人工盐沼、水田、水库、河流、河滩地、其他水域等 13 类。11 期湿地分类数据，利用 Landsat TM/ETM＋数据解译获得。1986、1987、1993、1994、1996、1997、1998、1999、2000、2001、2004 年。

5）1999 年以来黄河三角洲土壤属性数据。土壤类型，土壤质地，土壤盐分、土壤氮、磷、钾、pH 值、有机质等；土壤采样数据(盐分八大离子，全盐量、pH 值、有机质)。1996 年；2002、2003、2006 年土壤采样数据。

6）2004 年以来现代黄河三角洲野外定点观测数据。从 2004 年 5 月开始每 5 天获得各井位的地下水位、pH 值、矿化度、土壤电导率数据。在现代黄河三角洲布置了 18 个井位。

（2）长江三角洲数据资源

1）中国东部海面、海岸变化数据集。末次冰消期以来不同时段中国东部气候变化时间序列数据库；末次冰消期以来不同时段中国东部气候变化时间序列数据库；近百年来中国东部海面变化与潮位变化时间序列数据库；近十多年来中国东部和全球海面卫星测高数据库。

2）中国东部环境演变数据集。沉积物的古地磁、C14 年代、孢粉、微体古生物、同位素含量、物理结构、化学成分等环境记录。石笋的同位素年代、各种同位素含量、物理结构、化学成分，以及所反映的温度、降水等环境记录。树木年轮的物理结构，以及所反映的温度、降水等环境记录。

3）长江三角洲 1：50 万工程地质、水文地质、第四纪地质。包括 1：50 万长江三角洲地区工程地质数据、水文地质钻孔数据、第四纪地质钻孔数据。

4）长江三角洲洪涝灾害数据集。人类历史时期洪涝灾害发生的时间空间数据，重大洪涝灾害影响数据，重要的防洪减灾工程数据。

（3）福建沿海

1）生态系统类。福建省沿海岛屿环境数据库、福建沿海陆地景观生态数据库、福建沿海海域生态环境观测数据，1：25 万(1990 年代)、福建沿海红树林分布、生态环境观测数据，1：25 万(1990 年代)、福建省自然保护区基本数据，1：25 万(2000)、我国沿海区域生态环境动态监测数据集。福建省武夷山自然保护区科考数据库。福建省自然灾害数据库、福建省各类土壤特征数据库、福建省森林资源数据库。

2）资源类。福建省乡级行政境界数据库、福建省莆田农业资源区划数据库、沿海区域遥感关键应用参数反演及其环境响应数据集、我国沿海区域生态环境动态监测数据集、东南沿海气象卫星数据、近海海洋卫星遥感数据集（HY-1，NOAA）(1980—2000)、近海岸区土地利用动态变化数据集、福建省沿海港湾资源数据集、福建省海岸带和海涂资源数据库、福建省近海生态环境数据集。

3）定点观测监测类。常绿阔叶林水分、养分、C、N 循环定点观测统计数据、东山岛观测土地利用、生态环境观测数据统计数据(1990 年)、福建省东山岛观测土地利用、生态环境观测数据统计数据(1990 年)、福建省平潭岛风沙防护林带定位观测统计数据(1980 年代)、福建省沿海风沙防护林带研究与观测数据、福建省沿海海域生态环境观测数据、福建野外定位观测数据、平潭岛风沙防护林带定位观测统计数据(1980 年代)。

10.4　海岸带综合调查历史空间数据集成技术

扫描数据以《中国海岸带和海涂资源综合调查图集》为例。该图集是 20 世纪 80 年代全国海岸带和海涂资源综合调查成果的反映和可视化表达，包括中国海岸带地形、气候、水文、地质、地貌、土壤、植被、生物、环境和土地利用等基本自然地理特征要素。该图集大小为 4 开本，基本分幅比例尺为 1：20 万，地图投影多采用高斯投影。

10.4.1　图集矢量化数据处理流程

中国海岸带 20 世纪 80 年代综合调查图集的处理流程包括以下七个步骤。

第一步：扫描及扫描质量检查

（1）扫描前处理

包括图集拆卸处理与纸图压平处理。

（2）扫描质量控制与扫描精度评价

扫描方式为 RGB 彩色扫描，扫描分辨率为 300 dpi。

基于距离的几何误差计算和评价步骤：

1）选点。选取扫描图上经线和纬线交叉点。

2）大地坐标换算。按照投影参数，求算出被选点的大地坐标。

3）距离计算。求算被选点的像素距离和地面实际距离。

4）误差分析。求算扫描几何误差的绝对误差和相对误差。相对误差应控制在 98%以上。

第二步：几何精校正

采用 UTM 投影，WGS84 基准，统一到 50 带，采用两次多项式进行几何校正，重采样分辨率 20 m。

校正精度控制在 X 方向不超过 1 个像素，Y 方向不超过 1 个像素，均方根误差（RMS）不超过一个像素。也就是说，X 方向、Y 方向和均方根误差均小于 20 m。

提交空间参考和精度报告。

以 ERDAS 软件为例，几何校正流程如图 10.3 所示。

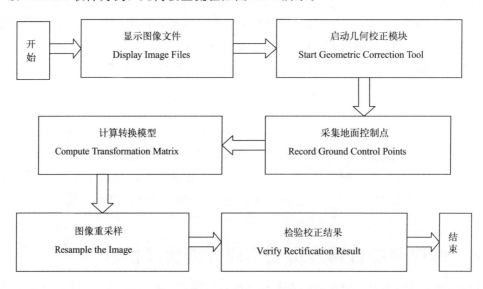

图 10.3　图像校正流程图

第三步　分层及编码

按照统一规则，提供图件的分层方案和编码。

分层原则：在一定空间范围内，把具有同类或共性特征的空间实体要素描绘在同一层内。

分层命名规则

（1）英文要素简拼（8 个字母以内）_ haXX。其中，haXX 是该纸质图幅的编号。

（2）列出图层编号与图层要素中文名称的对应表。

第四步　数字化及添加属性

矢量化位置精度要求：图斑的勾绘线画误差控制在 0.2 mm 以内。

采点密度要求：平均采点密度要求达到 2 dpm，即原图线画平均每 1 mm 要采两个点，在比较平滑的线画处可以适当稀疏采点密度，而在比较弯曲的线画处应加密采点密度。

拓扑建立要求：面状(多边形)图层和线状图层要求在数字化后建立拓扑，去除伪多边形、悬线、悬挂点等冗余要素，为每个多边形创建唯一标示点。

属性编辑要求：严格按照属性分类及编码进行填写和编辑，正确率应达到 98% 以上。

数据日志编写：矢量化整个周期中的每个操作步骤要求编写详细的记录和说明。包括 TIC 点的采集、线划的数字化、要素和属性的编辑修改、拓扑建立、投影转换、自检和修改等。

图层文件存储为 Coverage。

第五步　自查

按照第四步开展自检。检查内容包括(1)数字化精度检查；(2)采点密度检查；(3)拓扑检查；(4)属性检查。发现错误则自行修改。

第六步　质量检查

综合检查图形精度及文档。

(1) 空间错误检查及其修改。

(2) 属性错误检查及其修改。

第七步　成果提交和汇总

(1) 文档编写

提交文档，内容包括：数据源说明、空间参照说明、误差精度说明、操作过程说明、图元编码说明等。

(2) 成果提交

提交成果到负责人，并登记。

10.4.2　天津区域海岸带数据处理

根据以上整合处理步骤，对该图集天津区域、海南岛等区域海岸带等进行了数字化处理。以天津区域为例，简要说明如下。

天津海岸带图件有 21 张，如下所示。

- 天津市新港植被图
- 天津市新港土壤图
- 天津市新港土地利用现状图
- 天津市新港地貌图
- 天津市新港地形图
- 天津市新港浮游动物图
- 天津市新港盐度图
- 天津市新港潮间带生物图
- 天津市新港溶解氧图
- 天津市新港气候图
- 天津市新港底栖生物图

- 天津市新港潮汐图
- 天津市新港综合开发设想图
- 天津市新港第四纪地质图
- 天津市新港浮游植物图
- 天津市新港底质图
- 天津市新港游泳生物图
- 天津市地图
- 天津市新港水文地质图
- 天津市新港环境质量图
- 天津市新港工程地质图

根据数据整合的需要，首先对其天津市新港植被图、天津市新港土壤图、天津市新港土地利用现状图、天津市新港地貌图和天津市新港底质图进行了处理，如图 10.4，10.5所示。

图 10.4　几何校正后的天津市新港植被图

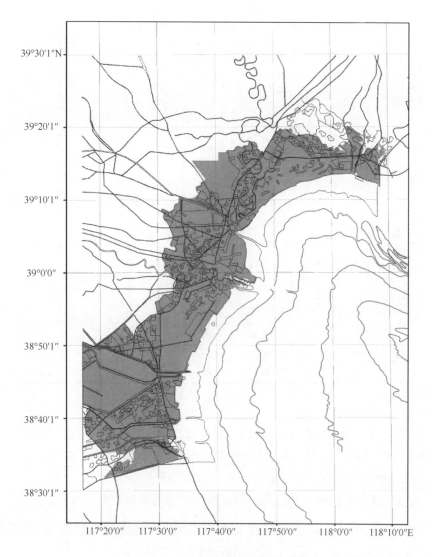

图 10.5 天津市新港数字化植被图

在数字化的过程中，严格确保数据质量。天津市新港植被图的误差控制情况如下所示。

1）控制点和检查点的坐标转换

由于原图上只有经纬度坐标，因此需根据经度和纬度以及投影方式通过坐标换算计算出各被选点的大地坐标。换算时用 ERDAS 软件的 Coordinate Calculator 工具进行坐标转换，输入坐标得投影为 Geographic(lat/lon)，Krasovsky 椭球体，单位为 DD(用十进制表示的度)；输出坐标的投影为 UTM，WGS84 基准，50 带，单位为 m。表 10.4 为控制点和检查点的坐标转换表：

表 10.4 控制点和检查点坐标转换表

	点号	Long(°)	lat(°)	X(UTM 坐标)	Y(UTM 坐标)
控制点	1	117.5	39.33	543092.09	4353889.83
	2	117.75	39.33	564638.34	4354038.81
	3	118.25	39.33	607731.65	4354515.58
	4	117.50	39.00	543295.98	4316898.12
	5	118.00	39.00	586592.65	4317254.81
	6	118.25	39.00	608241.46	4317522.35
	7	117.75	38.67	565247.82	4280056.74
	8	118.25	38.67	608747.59	4280531.14
	9	117.50	38.50	543599.05	4261414.49
	(备用)	117.75	38.50	565398.81	4261562.53
检查点	check _ 10	117.75	39.17	564791.54	4335542.51
	11	118.25	39.17	607987.02	4336018.71
	12	117.75	39.00	564944.18	4317046.73
	13	118.00	38.83	586795.45	4298759.29
	14	118.00	38.67	586997.52	4280264.28

2)几何精校正误差

采用 UTM 投影，WGS84 基准，统一到 50 带，采用二次多项式进行几何精校正，重采样分辨率 20 m，图幅的 RMS(均方根)误差均小于一个像素，X 方向和 Y 方向残差也都小于一个像素，也就是说 X 方向、Y 方向和均方根误差均小于 20 m 。

图 10.6 为天津市新港植被图的几何校正精度的控制点和检查点的误差表。

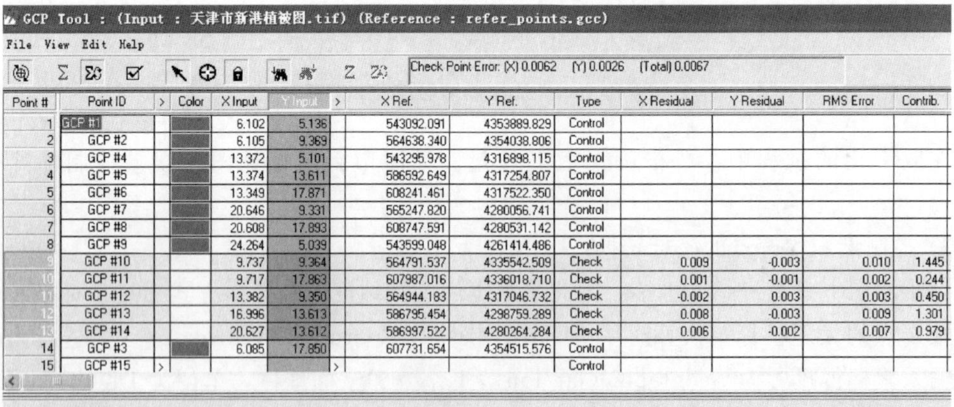

Point #	Point ID	Color	X Input	Y Input	X Ref.	Y Ref.	Type	X Residual	Y Residual	RMS Error	Contrib.
1	GCP #1		6.102	5.136	543092.091	4353889.829	Control				
2	GCP #2		6.105	9.369	564638.340	4354038.806	Control				
3	GCP #4		13.372	5.101	543295.978	4316898.115	Control				
4	GCP #5		13.374	13.611	586592.649	4317254.807	Control				
5	GCP #6		13.349	17.871	608241.461	4317522.350	Control				
6	GCP #7		20.646	9.331	565247.820	4280056.741	Control				
7	GCP #8		20.608	17.893	608747.591	4280531.142	Control				
8	GCP #9		24.264	5.039	543599.048	4261414.486	Control				
9	GCP #10		9.737	9.364	564791.537	4335542.509	Check	0.009	-0.003	0.010	1.445
10	GCP #11		9.717	17.863	607987.016	4336018.710	Check	0.001	-0.001	0.002	0.244
11	GCP #12		13.382	9.350	564944.183	4317046.732	Check	-0.002	0.003	0.003	0.450
12	GCP #13		16.996	13.613	586795.454	4298759.289	Check	0.008	-0.003	0.009	1.301
13	GCP #14		20.627	13.612	586997.522	4280264.284	Check	0.006	-0.002	0.007	0.979
14	GCP #3		6.085	17.850	607731.654	4354515.576	Control				
15	GCP #15						Control				

图 10.6 天津新港植被图几何校正精度

天津新港植被图的最大 RMS 为：0.0067，最小 RMS 为：0；最大 X 残差为：0.0094，最小 X 残差为：0；最大 Y 残差为：0.003，最小 Y 残差为：0。几何校正精度很高，满足规范要求。

第11章 科技计划项目数据汇交管理集成应用

11.1 国外科技计划项目数据汇交政策

数据是科学研究的生命。科技计划项目是产生科学数据的重要源泉。随着大量科技计划项目的实施，越来越多的支撑重要科学发现的科学数据被采集、获取和积累起来。及时汇交和共享这些数据资源，既是国家科技投入的直接效益体现，也是促进这些数据更好地被归档、存储、共享和开发利用的重要途径。

然而，在事实上，不同学科领域大量未能及时汇交归档的科学研究数据面临着长期丢失的危险。数据丢失的原因有很多，诸如数据存储硬件的损坏、科研人员未能保留数据处理的细节记录、掌握数据的科学家去世等。数据汇交的必要性和紧迫性越来越被科技计划项目管理机构和科学家们所重视。然而，如何开展数据汇交涉及数据汇交政策、标准、技术等一系列问题。其中数据汇交政策是开展数据汇交的前提，同时也是数据汇交的瓶颈和难点。

欧美发达国家早在20世纪90年代就已经开始制定相应的数据汇交政策，陆续开展了实质性的科技计划项目数据汇交，并在近年来呈现深入和推广的趋势。通过对美国、英国、加拿大、荷兰、澳大利亚等数据汇交开展较早的国家的科技计划项目数据汇交政策的收集分析，总体上可以将开展数据汇交的机构分为三类，即科技计划项目管理机构、国外学术期刊组织和国际数据组织。

(1) 项目管理机构数据汇交政策

国外的一些科技计划项目管理机构自20世纪90年代起就强制要求开展数据汇交。例如，美国航空航天局(NASA)、大气海洋局(NOAA)、自然基金会(NSF)、国立卫生研究院(NIH)以及英国研究理事会(RCUK)等。主要科技项目管理机构的数据汇交政策如下。

1) NASA

NASA长期开展对地观测数据的获取、分发和科学研究活动。NASA的数据共享政策是由日本、欧洲和美国国际地球观测系统(EOS)的参与者在20世纪90年代和21世纪初共同制定的。该政策规定NASA所有地球科学任务、项目以及资助和合作协议都应通过数据管理计划书来落实NASA的数据共享原则。在此，NASA将数据定义为包括观测数据、元数据、数据产品、信息、算法以及科学研究源代码、模型、图像和研究结果。

NASA 重视数据归档的标准化管理，其在太空领域较早提出了"开放汇交信息系统参考模型"。

2）NOAA

NOAA 的数据共享政策发布于 2011 年 10 月，每年修订一次。政策要求项目在立项申请中应包含不多于两页的数据共享计划书。计划书的内容包括数据类型描述、将被共享的试验性数据、数据空间覆盖范围、数据/元数据所使用的格式标准、数据管理、保存和共享的声明和流程。项目立项后，数据共享计划书应当开放，直至汇交的数据向公众开放。资助产生或者衍生的科学数据和信息应该及时地（通常不迟于数据生成后的 2 年）共享。

3）NSF

NSF 于 2011 年发布数据汇交政策。该政策反映在 NSF 章程中。其核心要点是要求 2011 年 1 月后立项的科研项目必须开展数据汇交。数据汇交的地点是指定的数据平台（例如，Dyrad）。NSF 强调数据汇交的及时性，要求在数据完成后即可汇交，多年的研究项目鼓励逐年汇交。NSF 下属的各个学部，也根据 NSF 的章程细化了本学部的数据汇交政策。例如，地球科学学部要求数据在产生后的 2 年内必须汇交；那些基于 NSF 自身的观测和实验设施（例如美国地球探测计划）所产生的数据要即时汇交。社会、行为和经济学部则要求相关项目在结题后 1 年内完成数据汇交；有关项目在申请时，就需要指出其希望可能汇交的数据交到哪个公开的数据汇交中心，比如美国密歇根大学的政治和社会研究大学联盟（ICPSR）等。

4）NIH

NIH 于 2003 年公布数据汇交政策。政策规定 1 年内的经费超过 50 万美元或者 2003 年 10 月 1 日之后申请立项的项目都必须提交数据汇交和共享计划。NIH 规定数据的共享不得迟于从最后一个数据中得出的主要成果被接受之日。NIH 将为研究者提供数据归档的经费，但是需要申请者在资助申请书中提出。值得一提的是，NIH 提出四种数据共享的模式：一是自助模式，指研究者通过给数据请求者邮寄一个包含有数据的光盘，或者将数据上传到研究机构或个人的网站上，数据提供者可通过与用户签订数据共享协议来限制用户。二是数据归档模式（Data archive），指将数据放在第三方的数据服务器上，接受更广泛的访问。三是数据飞地模式（Data enclave），是对于那些不能公开的数据而言（不能公开是指出于隐私顾虑、第三方授权、禁止再传播协议、国家安全等），在数据飞地上的数据只允许特定的研究者使用。四是混合模式，指将数据分为若干等级，不同等级设置不同访问权限。NIH 资助的研究者可以在数据汇交时，自行选定数据共享模式。

5）RCUK

RCUK 是英国最高科研资助机构，主要资助对象是英国高等教育机构、经批准的独立研究组织以及研究理事会研究所。RCUK 要求其资助项目产生的学术论文必须汇交其论文中使用的数据。为了便于汇交，RCUK 给予专用的论文处理费用拨款。RCUK 提出研究者在论文发表后最迟 6 个月汇交数据。这一数据汇交政策将在 2013 年 4 月 1 日开始实施。RCUK 有七个独立理事会，各理事会也制定了各自的数据汇交政策细则。例如，英国国家环境研究理事会（NERC）在 2011 年公布的数据汇交政策要求所有 NERC 资助的项目必须与 NERC 数据中心合作实施数据管理计划，确保数据以规定的标准格式上传，并且提供相应的元数据；不按规定汇交的项目，将被 NERC 扣留经费。英国医学研究理事会（MRC）于 2006 就实施数据汇交政策，要求研究者将文章发表在允许作者（或者作者所在研究机构）保留版权、能够对外开放数据的期刊。经济和社会研究理事会（ESRC）要求研究者在项目结题前三个月内汇交数据。

（2）学术期刊数据汇交政策

科学研究的成果往往以学术论文的形式发表，但是许多论文在发表后，论文中使用的数据却不汇交共享。这不仅不利于对论文成果准确性的验证和评价，而且会导致大量宝贵的科学数据流失、不能及时被更多的人使用。学术期刊组织较早关注到这个问题，但在近年来才形成了实质性的汇交政策和举措。绝大多数的科学研究论文都是在不同科技计划项目的资助下完成的。因此，本书把学术期刊组织建立的数据汇交政策同样进行了重点调研。

调研发现，生命科学领域在论文数据汇交方面的共识非常明确和集中。例如，在有关生物进化等方面的学术刊物，于 2009 年开始提出一个联合数据汇交政策（JDAP）。随着该政策发布和应用，其参与面越来越广，目前已有包括 *Science*、*The American Naturalist*、*Heredity*、*Molecular Ecology*、*The Journal of Evolutionary Biology* 等 23 个重要期刊、图书馆、出版社采用。现以美国 *The American Naturalist* 和 *Heredity* 等刊物为例作概要介绍。

1）*The American Naturalist* 期刊

该刊的数据汇交声明包括汇交要求、推荐的数据汇交中心、数据保密期限以及一些特殊数据（如涉及隐私等）的处理措施。声明要求提交论文中的数据是论文发表的基本条件。这些数据可以提交到诸如 GenBank、TreeBASE、Dryad 和 the Knowledge Network for Biocomplexity 等适合本学科数据存储的公共数据中心存档。作者可以选择在论文发表的同时公开数据，或者在一年的数据保护期结束后公开数据。涉及隐私、安全等的敏感数据，由主编来决定是否公开。提交数据的范围只限于该论文使用到的数据，而不是其从事该科研项目研究所获取的所有数据。

2）*Heredity* 期刊

该刊要求发表论文之前，论文中的 DNA 序列数据必须首先提交到一个公共可获取的数据库，通常是 EMBL/GenBank/DDBJ 等。只有作者拿到数据库登记的访问标识号码（Accession number）后，才允许发表论文。这一政策也可以简单地理解为"先汇交数据、后发表文章"。对于那些没有公共数据库的专业数据，要求作者按照电子补充信息规范（ESI）的格式整编数据。对于那些涉及多学科的交叉数据，建议提交到 NSF 资助的 Dryad 数据归档中心（http：//datadryad.org）。建议这些汇交数据在数据试验和分析阶段就准备好，而不是在撰写论文时才开始准备。

3）其他汇交期刊

正如上文提到的，NSF 资助的 Dyrad 数据汇交平台，接受多种期刊的数据汇交。据该平台显示，2012 年已有 172 种期刊在该平台汇交。其中，代表性的刊物列表如表 11.1

所示。

表 11.1　Dyrad 接受汇交数据的代表性期刊列表（源自 http：//datadryad.org）

序号	期刊名称	序号	期刊名称
1	*The American Naturalist* 美国博物学家	16	*Journal of Applied Ecology* 应用生态学杂志
2	*Biological Journal of the Linnean Society* 林奈学会生物学杂志	17	*Journal of Ecology* 生态学杂志
3	*BMC Ecology* BMC 生态学	18	*Journal of Evolutionary Biology* 进化生物学杂志
4	*BMC Evolutionary Biology* BMC 进化生物学	19	*Journal of Fish and Wildlife Management* 鱼类和野生动物管理杂志
5	*BMJ* 英国医学杂志	20	*Journal of Heredity* 遗传学杂志
6	*BMJ Open* 英国医学杂志（开放版）	21	*Journal of Paleontology* 古生物学杂志
7	*Ecological Applications* 生态应用 *Ecological Monographs* 生态学论丛	22	*Molecular Biology and Evolution* 分子生物学与进化
8	*Ecology* 生态学	23	*Molecular Ecology and Molecular Ecology Resources* 分子生态学和分子生态资源
9	*Ecosphere* 生物圈	24	*Nature* 自然
10	*Evolution* 进化	25	*Nucleic Acids Research* 核酸研究杂志
11	*Evolutionary Applications* 进化应用	26	*Paleobiology* 古生物学
12	*Frontiers in Ecology and the Environment* 生态和环境科学前沿	27	*PLOS* 公共科学图书馆杂志
13	*Functional Ecology* 功能生态学	28	*Science* 科学
14	*Genetics* 遗传学	29	*Systematic Biology* 系统生物学
15	*Heredity* 遗传	30	*ZooKeys* 动物之谜

（3）数据机构数据汇交政策

国际上许多数据组织都制定了数据汇交政策。例如，隶属于国际科学联合会（ICSU）

的世界数据系统(WDS,原 WDC)就针对国际极地年、国际地球物理年等全球重大科技计划组织开展数据汇交和共享服务。美国地球物理协会(AGU)于 1993 年发布了该组织的第一个数据归档政策。该政策目前还在延续。

调研中发现,澳大利亚数据汇交中心(ADA)列举了部分当前正在开展汇交的一些国际和各国的开放机构,如图 11.1 所示。针对统计到的 85 个数据汇交机构,下面以统计数量较多的美国、加拿大、英国为例,简要介绍其数据汇交政策。

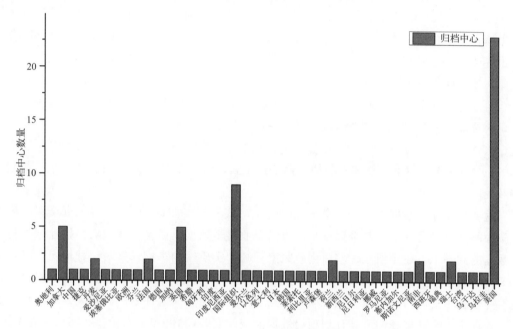

图 11.1　澳大利亚数据汇交中心统计的部分国际数据汇交机构

1) 美国的相关数据汇交机构

主要是依托在大学的许多数据汇交中心,比较有代表性的是美国哥伦比亚大学国际地球科学信息网络中心(CIESIN)。CIESIN 的宗旨是保障数据的采集、获取、汇交、归档、保存、更新和分发,主要职责是协助数据提供者,面向数据的长期保存和与国际兼容,规范化整编电子数据、日常维护和更新、提供开放共享。

2) 加拿大的相关数据汇交机构

主要集中在一些大学或公共机构的图书馆或数据中心的数据汇交机构,例如服务于地球空间数据共享的 GeoBase。GeoBase 是一个加拿大联邦、各省和地方政府发起的,接受加拿大大地测量委员会监督的数据汇交机构(加拿大 GeoBase 数据汇交政策,2012)。GeoBase 宗旨是为加拿大提供可访问的、及时更新的、数据质量可靠的地理空间数,其对所有注册用户提供不超过数据复制和分发成本费用的数据共享。

3) 英国、荷兰等其他数据汇交机构

有代表性的是英国国家生物多样性网络(NBN)。该机构提供面向民间的关于野外动物的报告和记录的电子数据资料汇交。荷兰的数据汇交和网络服务系统(DANS)的基本理念是"Open if possible, protected if necessary"(尽可能开放,必要时再保护),并率先开展了数据正式认可技术的研究和推广。

11.2 数据汇交集成与共享技术流程

我国自 20 世纪 80 年代就已经开始了科学数据共享的探索。其中，20 世纪 80 年代初中国科学院就开始创建科学数据库，当前其建库单位达到 45 个，科学数据资源覆盖物理、化学、天文、地学、生物、材料、资源、环境、能源、海洋等学科领域(中国科学院科学数据库资源整合与持续发展研究报告写作组，2009)。1988 年，中国加入国际科学联合会的世界数据中心(WDC)系统，正式建立了天文、空间、海洋、地质、地震、地球物理、气象、冰川冻土、可再生资源与环境九个 WDC 学科中心(王卷乐和孙九林，2009)；1999 年，科技部启动了科技基础性工作专项，支持了多个领域的基础数据库建设和服务；2002 年，科技部启动科学数据共享工程，并首批启动气象、地球系统科学、地震、农业、林业、水资源、医药卫生等九个试点，并逐渐扩大到 18 个项目，涉及 24 个部门(Xu，2007)；2005 年，国家科技基础条件平台正式建立，包括数据共享在内的 45 个平台得到支持和发展。

这些数据库、数据中心和共享平台的建立，显著地推动了我国国家投入资金所产生数据资源的共享，尤其是一些部门壁垒严重的行业科学数据。但是，在国家科技计划项目产生数据的共享上，还停留在一些原则政策上，缺少实质性的举措。针对这种情况，科技部于 2008 年，率先在国家重点基础研究发展计划(973 计划)资源环境领域开展数据共享试点，并依托于资源与环境信息系统国家重点实验室，建立 973 计划资源环境领域项目数据汇交管理中心，开展我国科技计划项目数据汇交的实践(林海和王卷乐，2008；王卷乐等，2009)。

973 计划资源环境领域项目的数据汇交在实施过程中，主要包括六个环节，即数据汇交管理办法的制定、数据汇交中心的组建、数据汇交实施策略确定、数据汇交环境建设、数据汇交技术流程、数据管理与服务。

(1) 数据汇交管理办法的制定

数据汇交管理办法主要回答三个方面的疑问：1)数据交到什么地方去？2)交什么，怎么交？3)数据汇交后的权益如何保护？针对这三个问题，科技部于 2007 年 4 月组建专家组，历时半年多进行了详细调研和起草。在此过程中，专家组参考了世界数据中心(WDC)、美国国立卫生研究院(NIH)、973 计划项目管理办法等国内外的相关数据共享政策，并同当时在研的 973 计划资源环境领域 26 名首席科学家进行座谈，广泛征求专家意见。最终，于 2008 年初制定了《973 计划资源环境领域项目数据汇交暂行办法》。

《973 计划资源环境领域项目数据汇交暂行办法》(以下简称《办法》)的内容包括数据汇交的组织管理、汇交内容、数据汇交计划、数据汇交流程、数据管理、权益保护、监督与信用管理等。系统地回答了前面提到的数据汇交需要解决的三大方面疑问。

针对疑问一，数据交到什么地方去？《办法》规定要建立数据汇交管理机构，即数据汇交中心。该中心将在科技部的领导下，具体负责数据的接收、归档、管理和共享服务。

针对疑问二，交什么，如何交？《办法》规定汇交的数据内容包括项目新增原始数据、研究分析数据以及应用软件等，汇交的数据集应有元数据和数据说明。在汇交方式上，要求汇交的项目数据以数字化形式提交，数据标准按数据汇交中心规定的标准执行。《办法》同时确立了数据汇交的工作流程，具体包括四个阶段，即数据汇交计划制订阶段、数据汇交准备阶段、数据汇交阶段和数据管理与共享服务阶段。

针对疑问三，汇交后的数据权益如何保护？《办法》规定对汇交数据进行分类、分级存储和管理，确保项目数据的物理安全，不得擅自修改和删除汇交的项目数据。项目数据可设置保护期，其中保护期内的项目数据仅供项目和课题承担单位及其授权范围内的用户访问和使用；保护期结束后，数据汇交中心以在线、离线等方式分期、分批向全社会提供数据共享服务。用户利用汇交数据产生的研究成果注明数据源。

《办法》于 2008 年 3 月，以科技部发文的方式颁布（国科发基〔2008〕142 号）。这是后面开展一系列数据汇交工作的政策和制度基础。

（2）数据汇交中心组建

结合我国科学数据共享已经奠定的基础，科技部依托于资源与环境信息系统国家重点实验室成立"973 计划资源环境领域项目数据汇交管理中心"。科技部基础司与该中心的依托单位中国科学院地理科学与资源研究所签署合同，确保依托单位对该中心的场地、人员等条件保障。中国科学院地理科学与资源研究所还在此基础上，于 2009 年 1 月正式成立了地球系统科学信息共享中心，作为该中心的依托实体，承担数据汇交的具体工作。

数据汇交中心采用理事会领导下的主任负责制。理事会由 973 计划资源环境领域的咨询和项目专家组成员组成。理事会下的协调办公室设在科技部基础司基础性工作与综合处。数据汇交中心设置综合办公室、标准规范研究组、数据接收管理组、数据平台开发组、数据共享服务组，分工开展汇交管理工作。

（3）数据汇交实施策略确定

在开展数据汇交工作之初，数据汇交中心确立了两条基本的数据汇交实施策略。

1）"分阶段、分类型"的数据汇交实施策略

分类汇交：按"已结题和即将结题项目"、"中期进展项目"、"新启动项目"三种类型开展数据汇交。

设计数据汇交工作阶段：依据《办法》的要求，把数据汇交工作设计为四个阶段，即数据计划制定、数据汇交准备、数据实体汇交、数据管理与共享服务阶段（图 11.2）。

分阶段实施：落实各类项目所处的工作阶段，开展相应的汇交工作。具体为"已结题和即将结题项目"进入数据汇交准备和数据实体汇交阶段，"中期进展项目"、"新启动项目"项目则进入数据汇交计划制定阶段。

2）"先服务、后汇交"的数据汇交实施策略

数据汇交中心禀承为各 973 计划资源环境领域项目提供服务的核心理念。在汇交工作开展之前，数据汇交中心首先征求各项目对于项目研究和执行中的数据需求，基于中心此前承担的国家科技基础条件平台——地球系统科学数据共享平台的已有数据基础为这些项目提供数据共享服务。这包括两个方式，一是如果本中心有相关的数据则直接提供数据共

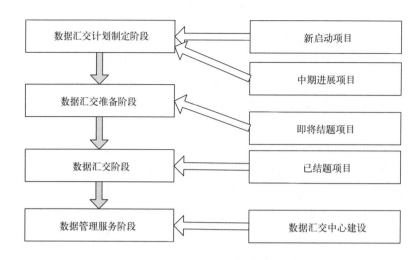

图 11.2　分阶段、分类型数据汇交对应关系图

享服务或数据资源加工定制服务。二是如果本中心没有相关数据，则尽量为其提供资料的来源渠道或资源导航信息。为了具体落实数据汇交的协调和共享服务工作，数据汇交中心还专门设立四个工作联络组，分别有专人与对应项目进行沟通和联系，保障汇交工作的有序开展。

（4）数据汇交环境建设

数据汇交工作伊始，数据汇交中心就通过自身建设落实《办法》规定的各类措施的执行，尽可能地为各项目数据汇交提供便利的条件。这包括标准规范制定、汇交软件工具研发、汇交管理与共享服务平台研发、数据汇交存储环境建设四个部分。

1）数据汇交标准规范的制定

973 计划资源环境领域产生的数据资源内容复杂多样、类型不一。为了保证汇交数据的一致性，《办法》规定了数据汇交要遵从一致的标准规范。为此，数据汇交中心制定了若干具体的规范，并提前下发到各项目开展应用。

已经制定的标准规范包括：数据汇交计划格式、元数据标准、数据文档格式、数据质量检查规范、数据光盘刻录规范、首席科学家审查报告格式、数据汇交工作方案格式等。这些已制定的规范与国家已经实施的科学数据共享工程和国家科技基础条件平台中制定的相关标准规范保持一致。

2）汇交软件工具研发

《办法》规定了所有汇交数据都必须同时提供数据的元数据和数据文档信息。为了保证各项目都按统一的标准采集元数据信息，数据汇交中心开发了元数据汇交工具。这包括离线采集工具和在线采集工具两类。离线采集工具是单机版的录入系统，可在任何 windows 操作系统下使用，具有数据的录入、修改、模板管理等功能，其界面如图 11.3 所示。在线采集工具则是基于 B/S 的网站系统，具有数据在线录入、修改和管理功能，其界面如图 11.4 所示。

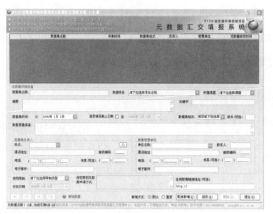

图 11.3　离线元数据软件采集工具界面

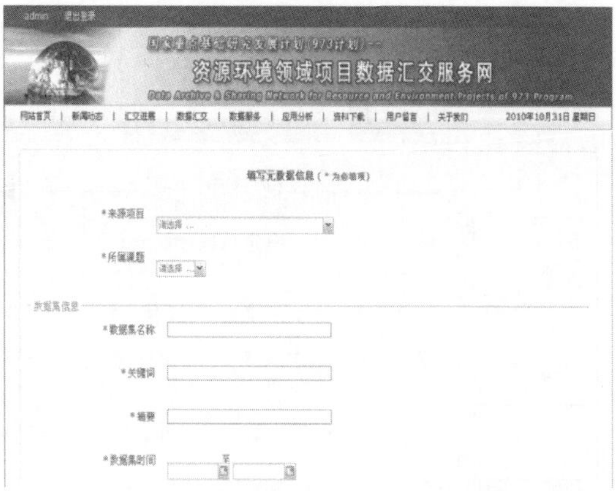

图 11.4　在线元数据采集工具界面

3）数据汇交管理与共享平台

面向数据汇交管理与共享服务两方面的功能需求，开发了数据汇交管理与共享平台。其数据管理功能包括汇交数据的进度管理、内容管理、统计管理等功能，界面如图 11.5 所示；针对数据用户的需求，开发了数据的元数据查询和目录服务功能，界面如图 11.6 所示。

图 11.5　数据汇交进度管理界面

图 11.6　汇交数据查询界面

4）建立数据汇交的备份存储环境

为了确保数据的物理安全，数据汇交中心构建了 100TB 存储容量的磁盘阵列存储系统及机架式服务器，建立统一编目的光盘存档系统，实现了双备份的独立存储环境。

（5）数据汇交技术流程

数据汇交技术流程包括以下四个主要环节，即数据计划制定阶段、汇交准备阶段、数据实体汇交阶段、数据管理与共享服务阶段等，如图 11.7 所示。

1）数据计划制定阶段

数据汇交中心首先提供数据汇交计划编制格式，开展项目、课题数据汇交联络员技术交流与培训。

973 项目及各课题对照任务书，按"由课题到项目"汇总本项目的数据内容，形成数据

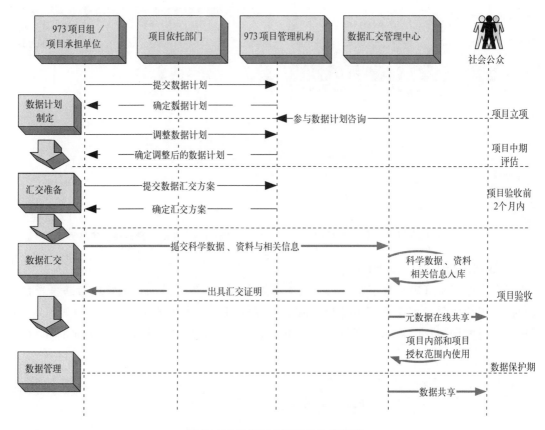

图 11.7 数据汇交工作总体流程图

汇交计划草案，并发送数据汇交中心。

数据汇交中心对照项目任务书和数据汇交计划参考格式，检查数据汇交计划草案的形式和内容，并与项目办公室充分交流，直到最终定稿。

定稿后的数据汇交计划经项目首席科学家签字、项目承担单位和依托部门盖章后，数据汇交中心集中送交科技部基础司审查、批准。不合格的数据汇交计划要重新修订。

2）汇交准备阶段

数据汇交中心提供元数据汇交工具，开展项目汇交联络员技术培训与交流。

973 项目组根据项目实施情况，在中期评估阶段可以提出数据汇交计划调整申请。

数据汇交计划调整申请书经科技部基础司审批后生效。

973 项目组按照数据汇交计划及调整申请书内容，组织开展数据库的标准化和数据整理；数据汇交中心为各项目数据整理提供技术支持，共同为数据汇交做好准备。

3）数据实体汇交阶段

数据汇交中心向各项目提供数据汇交工作方案格式，并对各数据汇交联络员开展技术交流与培训。

各项目制定数据汇交工作方案草案，并发送数据汇交中心。经数据汇交中心多次检查、反馈，直至数据汇交工作方案定稿。定稿后的数据汇交工作方案报科技部基础司审批。

数据汇交中心提供数据汇交刻盘格式、数据质量核查报告格式等标准规范，并开展技术交流与培训。

各项目汇交数据光盘和质量核查报告。数据汇交中心完成检查并出具检查报告和是否完成数据汇交说明，报科技部基础司。

4）数据管理与共享服务阶段

数据汇交中心开发和建立数据汇交管理与服务网站，提供数据汇交进度管理、数据在线汇交功能服务。

按照制定的元数据标准、数据文档标准等，开展数据目录规范化整理和数据整编。

数据汇交服务网站提供对外数据检索、数据浏览和数据申请功能，有条件（部分数据需要首席科学家批准）地向用户提供数据。

定期提供数据共享服务报告，并送项目管理部门和相关 973 项目组。

（6）数据管理与服务

截至 2015 年 6 月，共有 86 个项目参加了数据汇交工作，已完成汇交的 59 个结题项目汇交数据集 3434 个，数据量 2.73TB。汇交的数据包括属性数据、矢量数据、栅格数据、文本数据等多种数据类型。这些数据已为 746237 人次提供数据访问和共享服务。

数据共享服务工作按照《办法》的规定，在数据管理的同时同步展开。当前提供的数据服务包括四种类型。1）数据汇交共享服务网站的数据查询、元数据浏览和信息服务。2）数据实体的离线申请服务。3）部分整编汇交数据的内容访问及再分析服务。4）提供数据汇交简报、标准规范及工作资料下载服务。

11.3　科技计划项目数据汇交的实践与启示

11.3.1　国内外政策对比

我国于 2008 年 3 月首次颁布了科技部国家重点基础研究发展计划（973 计划）资源环境领域项目数据汇交政策，并于当年实施。这一做法，与美国 NSF 于 2011 年颁布的数据共享声明政策相似，具有一定的可比性。从中选择 11 个指标，对比如表 11.2 所示。

表 11.2　中美科技计划项目数据汇交案例对比

比较项	中国 973 计划资环领域项目数据汇交	美国 NSF 科技项目数据汇交
主管机构	科学技术部	自然科学基金委员会
数据汇交政策	国家重点基础研究发展计划资源环境领域项目数据汇交暂行办法	自然科学基金会章程及其下属各学部的政策细则
政策发布时间	2008 年 3 月	2011 年 1 月
数据汇交中心	973 计划资源环境领域项目数据汇交管理中心（依托中国科学院地理资源所，资源与环境信息系统国家重点实验室）	通常是 Dyrad。允许项目在申请时，提出希望汇交的公共数据汇交中心。申请获得 NSF 审批后，可以执行

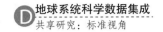

续表

比较项	中国 973 计划资环领域项目数据汇交	美国 NSF 科技项目数据汇交
数据汇交计划	数据汇交计划包括在项目立项后的项目任务书中	在项目申请立项阶段就需要提交不超过 2 页纸的数据汇交（管理）计划
汇交数据质量要求	汇交的数据集应有元数据和数据说明，同时提供项目承担单位和项目首席科学家的数据质量审核报告	需说明汇交数据所遵循的标准，包括数据采集的标准、数据转换和处理的标准等。数据要经 NSF 组织的专家评审
数据汇交时间	在项目验收前两个月向数据汇交中心汇交数据	要求在数据完成后即可汇交，多年的研究项目鼓励逐年汇交。其中，地球科学学部要求数据产生 2 年以内必须汇交。社会、行为和经济学部则要求相关项目在结题后一年内完成数据汇交
数据知识产权保护	对项目数据可设置保护期，一般不超过两年，特殊情况需要延长的，须报科学技术部批准。用户利用汇交数据产生的研究成果注明数据源	通常允许对需要保护的数据设置一定时间的保护。时间长短，根据本人在数据管理计划中的声明，以及 NSF 的协商批复情况为准
数据共享服务	数据汇交中心在数据汇交工作完成后一个月内，向社会发布项目汇交数据的元数据。分类分级对外开展共享	通过开放的、非盈利的数据共享机构提供服务。例如，通常由 Dyrad 平台对外提供共享
惩罚和奖励	未完成数据汇交的项目，不能进行验收	数据汇交作为项目验收的必要条件
实际成效	截至 2012 年 11 月，已经有 45 个结题项目完成数据汇交，汇交数据文件 522818 个，数据量超过 2TB。提供 296399 人次在线服务，233 个科技计划项目/课题离线服务	截至 2012 年 11 月，Dryad 接收 2281 个数据包和 6100 个数据文件以及来自 172 个学术期刊的相关论文

对比可见双方的政策在总体上具有很大的相似性，只是在数据汇交的时间节点及操作上有差异。美国 NSF 在数据汇交的机构、数据汇交的时间节点要求、数据汇交的保护等方面更具有灵活性，规定一些内容可以由项目组或研究者自己选择。我国 973 计划资源环境领域项目数据汇交在数据共享服务上则考虑更多，更加注重数据共享的服务效益。

通过以上对比，可以得到以下启示。

（1）尽快制定国家层面的数据汇交政策

我国在数据汇交和共享环境上仍然缺少国家层面的立法和高层政策指导。当前，我国科技计划项目数据汇交还主要以科技部的推动为主，而美国的 NASA、NOAA、NSF、NIH 等多个机构都已经制定了包含数据汇交的共享政策。欧盟委员会也于 2012 年 7 月 17 日发布开放共享政策，宣布欧盟"Horizon2020 计划"所资助的科研论文全部实行开放共享。尽快制定我国国家层面的科技计划项目数据汇交共享政策是深入开展各个行业部门、学科领域数据汇交的紧迫需求。

（2）以数据汇交作为项目管理的起点

当前，我国的科技计划项目数据汇交通常要求项目在结题前完成数据汇交，把数据汇交作为终点，注重过程管理。而美国 NSF 的做法是把数据汇交作为项目管理的起点，即在立项申请时就同时提出数据管理计划，该计划与项目研究内容同步接受审批。这种模式更有助于研究者深入、同步地执行数据汇交计划。

（3）重视数据汇交的及时性

我国的科技计划项目数据汇交往往与项目结题同步。这种做法便于项目管理、操作简单，但由于项目实施存在一定的周期，其项目一开始采集的数据可能在 5 年项目结束时才汇交，不利于数据的及时共享。国外的一些汇交做法是考虑到数据的时效性。例如，美国 NIH 把数据汇交的最后节点定为项目最后一批数据发表的时间；美国 NSF 要求数据在完成后即汇交，多年项目要求逐年开展汇交等。

（4）加强数据汇交的质量控制

国际数据汇交机构强调汇交规范性，例如在太空和对地观测领域建立了开放汇交系统（OAIS）参考模型，规范化了数据汇交的质量控制要求；科技期刊组织规定了电子补充信息（ESI）规范；GenBank 等在数据审核后给出权威的数据访问标识等。我国在国家科技基础条件平台建设中，在地球系统、气象、地震、人口健康、林业、农业等领域建立了数据共享平台，如何在数据标准化上建立相应的跨学科的参考框架，是数据质量控制的基础问题，需要深入地开展思考。

（5）加强数据知识产权保护

国际上对于数据知识产权的保护有较好的实践，例如当前已经开展应用的数字对象标识（DOI）；国际知识网络正在推行建立数据的引用索引机制；考虑到数据的复杂性，在生命科学领域的科技期刊给予数据管理者以更大权限约束数据是否公开或隐私保密；开展数据正式认可等知识产权保护的关键技术研究等等。国外在数据知识产权保护的同时，也对开放共享带来的益处进行了研究。研究表明，开放共享的数据比不公开的数据，在该数据支撑的学术论文引用率上，要高出 69％。进一步完善和加强对数据提供者知识产权的保护，确保他们通过数据汇交和共享受益，是数据汇交共享可持续发展的关键问题。

（6）大力开展数据共享服务

国外的数据汇交机构和共享服务机构不完全一致，不同的学科领域鼓励数据汇交到适宜的、能够具备较好开放获取条件的数据平台，例如生命科学领域的 GenBank、综合交叉领域的 Dyrad 等。这些机构本身就以能够提供稳定、长期、优质、权威的数据共享服务为职能，在机制上保障了数据汇交后的开放共享。我国当前还缺少这种环境，专职、长期、权威的数据共享机构还比较缺乏。在开展数据汇交的同时，要关注和处理好其后期的共享服务问题，既要充分利用当前我国科学数据共享的平台基础，也要考虑引导和打造一批专业化的、权威的数据汇交和共享机构。

11.3.2　数据汇交实践初步思考

973 计划资源环境领域项目数据汇交工作实践还只是开始，面向未来发展，认为在两个方面值得思考。其一是如何总结和形成科技计划项目数据汇交的模式，供相关领域推广和开展数据汇交工作时借鉴参考。其二是如何对已汇交的数据资源进行加工分析和再利用，实现数据汇交工作的科技支撑效益最大化。这两个方面的问题需要在实践的基础上深入分析，本研究在此仅是初步思考，提出一点看法。

（1）数据汇交工作模式

数据汇交的工作模式包括政策的制定、政策的执行和政策的效果落实三个部分。这其中涉及三个利益主体的关系。即，科技计划项目管理部门、项目负责人和数据生产者、数据汇交中心。只有在其工作模式上，协调好三个方面的关系，才能保证汇交工作的顺利开展。

基于 973 计划资源环境领域项目数据汇交的经验，初步提出的工作模式如图 11.8 所示。即，在数据汇交工作开展之前，首先要在政策和制度层面制定数据汇交管理的办法和条例，并由权威机构发布。在此基础上，通过遴选已有机构或组建新机构的方式建立数据汇交中心。在管理办法（条例）的指导下，同步开展数据汇交中心建设和科技计划项目的数

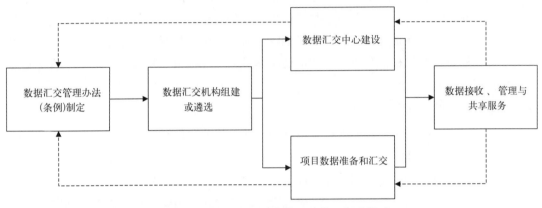

图 11.8　科技计划项目数据汇交管理概念模式

据准备和汇交工作。最终要在数据接收、管理的基础上开展存档和共享服务，实现科技计划项目产出数据的价值和效益。在数据共享的过程中，数据生产者、数据用户以及存储数据资源的数据汇交中心之间会产生很多关联，同时也会发现许多问题。这将进一步反馈到数据汇交中心的建设和数据汇交工作的流程，进而反馈到数据汇交管理办法（条例）是否合理，是否需要完善。这种正向的工作流程与反向的反馈流程将不断交互、螺旋式发展，逐渐实现科技计划项目数据汇交效益的最大化。

（2）数据资源利用

科技计划项目汇交数据的利用是汇交工作的最终目的之一，包括数据的重复使用和加工分析应用。其一，重复使用是共享的基本方式，其关键在于如何确保数据的质量和可靠性，这是数据共享的基本问题。其二，数据的加工分析应用，则需要有明确的科学目标导向。由于科技计划项目汇交数据本身是发散的、不完全以科学目标为导向的，因此如何组织和开发利用这些数据资源是有很大挑战性的。就目前的认识来看，将科技计划项目数据汇交与某些有导向性的国家重大战略、重大科技计划相结合，会有益于数据的开发利用。

参考文献

陈吉余，陈沈良．2002a．河口海岸环境变异和资源可持续利用．海洋地质与第四纪地质，**22**(2)：1-7.

陈吉余，陈沈良．2002b．中国河口海岸面临的挑战．海洋地质动态，**18**(1)：1-5.

陈述彭，何建邦，承继成．1997．地理信息系统的基础研究——地球信息科学．地球信息，**3**：11-20.

陈维明，孙传涛，王源，郑崇直．2002．数据库的整合与数据网络．计算机与应用化学，**3**：245-247.

成伟光，李平．1999．中国资源与环境数据集成示范研究，广西师范学校(自然科学版)，16(1)：13-23.

储金龙，高抒，徐建刚．2005．海岸带脆弱性评估方法研究进展，海洋通报，**24**(3)：80－87.

傅伯杰，牛栋，于贵瑞．2007．生态系统观测研究网络在地球系统科学中的作用．地理科学进展，**26**(1)：1-16.

国家标准公告2014年第30号．2014．国家科技基础条件平台中心.

国家空间信息基础设施发展规划研究．2002．国家地理空间信息协调委员会办公室．北京：中国计划出版社.

洪志远．2011．基于Service Portal的地理信息共享模式探索及实现．中国测绘科学研究院.

黄裕霞，黄裕锋．2003.Clearinghouse(数据交换中心)与数字化地理信息共享，遥感信息，(1)：28－30.

加拿大GeoBase数据汇交政策．2012-11-20．http：//www.geobase.ca/geobase/en/index.html

姜作勤，刘若梅，姚艳敏，等．2003a．地理信息标准参考模型综述．国土资源信息化，(3)：11-18.

姜作勤，姚艳敏，刘若梅．2003b．国土资源信息标准参考模型．地理信息世界，**1**(5)：12-18.

金东锡．1994．天津地面沉降特征及其防治效果．海平面上升对中国三角洲地区的影响及对策——中国科学院院士咨询报告[C]．北京：科学出版社.

科技部．2008．关于进一步推动国家科技基础条件平台开放共享工作的通知，http://www.most.gov.cn/fggw/zfwj/zfwj2008/200901/t20090104_66481.htm.

科技部．2008．关于开展国家重点基础研究发展计划资源环境领域项目数据汇交工作的通知，国科发基[2008]142号，2008年3月20日.

科技部．2011．关于国家生态系统观测研究网络等23个国家科技基础条件平台通过认定的通知．http://www.most.gov.cn/tztg/201111/t20111115_90870.htm.

李春初，雷亚平，1999．4．全球变化与我国海岸研究问题．地球科学进展，**14**(2)：189-192.

李从先，万明浩，陈庆强．1997．苏北沿南—三仓地区的古河谷及其地质意义．科学通报，**42**(11)：924-927.

李德仁，崔巍．2004．空间信息语义网格，武汉大学学报信息科学版，**29**(10)：847-851

李凡．1996．海岸带陆海相互作用(LOICZ)研究及我们的策略，地球科学进展，**11**(1)，19-23.

李红柳，李小宁，侯晓珉等．2003．海岸带生态恢复技术研究现状及存在问题，城市环境与城市生态，**16**(6)：36-37.

李洪义，史舟，郭亚东等．2006．基于遥感与GIS技术的福建省生态环境质量评价，遥感技术与应用，

21(1)，49-54.

李军，费川云．2000．地球空间数据集成研究概况．地理科学进展，(3)：203-211.

李军，周成虎．1999．地学数据特征分析．地理科学，**19**(2)：158-162

李晓波．2007．科学数据共享关键技术．北京：地质出版社.

廖顺宝，蒋林．2005．地球系统科学数据分类体系研究．地理科学进展，**24**(6)：93-98.

林海，王卷乐．2008．国家重点基础研究发展计划(973)资源环境领域项目数据汇交工作正式启动，地球
科学进展，**23**(8)：895-896.

刘闯．2003．美国国有科学数据共享管理机制及对我国的启示．中国基础科学，**1**：36-41.

刘东生．2002，全球变化和可持续发展科学．地学前缘，**1**：1-9.

刘琳，刘鹏．2013．OGC与我国地理信息系统互操作对找矿预测的意义，矿物学报，S2：942-943.

刘瑞玉，胡敦欣．1997．中国的海岸带陆海相互作用(LOICZ)研究．地学前缘，**4**(1-2)：194.

刘铁铸．1996．上海地区地面沉降机理的分析．海平面上升对中国三角洲地区的影响及对策——中国科
学院院士咨询报告．北京：科学出版社.

孟凡英．2002．联邦地理数据委员会标准参考模型．国土资源情报，**6**：37-46.

欧维新，杨桂山，于兴修．2005．海岸带自然资源价值评估的研究现状与趋势，海洋通报，**24**(2)：
79-87.

沈瑞生，冯砚青，牛佳．2005．中国海岸带环境问题及其可持续发展对策，地域研究与开发，**24**(3)：
124-128.

沈体雁，程承旗．1999．地理元数据技术系统的设计与实现．武汉测绘科技大学学报．**24**(4)：326-330.

孙九林，林海．2009，地球系统研究与科学数据．北京：科学出版社.

孙九林，施慧中．2002．科学数据管理与共享．北京：中国科学技术出版社.

孙九林，施慧中．2003．中国地球系统科学数据共享服务网的构建．中国基础科学，(1)：76-82.

孙九林，王卷乐．2009．探索分散科学数据资源共享之路∥王晓方，赵路，著．整合共享创新———国
家科技基础条件平台建设回顾与展望．北京：中国科学技术出版社.

汪永华，胡玉佳．2006．海南岛东南海岸带植被景观动态分析．信阳师范学院学报(自然科学版)，**19**
(1)：47-50.

王卷乐．2007．中国科学院地理科学与资源研究所．博士后出站论文.

王卷乐，陈沈斌．2006．地学栅格格网数据质量评价指标与方法．测绘科学，**5**：83-85＋82＋6.

王卷乐，林海，冉盈盈，周玉洁，宋佳，杜佳．2014．面向数据共享的地球系统科学数据分类探讨．地球
科学进展，**2**：265-267＋273-274.

王卷乐，孙九林．2009．世界数据中心(WDC)回顾、变革与展望，地球科学进展，**24**(6)：612-620.

王卷乐，杨雅萍，诸云强，宋佳等．2009．"973"计划资源环境领域数据汇交进展与数据分析，地球科学
进展，**24**(8)：947-953.

王卷乐，赵晓宏，马胜男，诸云强，丁峰，孙崇亮．2011．环境影响评价基础数据库标准规范体系研究.
环境科学与管理，**8**：168-173.

王颖，朱大奎，周旅复等．1998．南黄海辐射沙脊群沉积特点及其演变，中国科学(D辑)，**28**(5)：
385-393.

王跃山．1999．数据同化——它的缘起、含义和主要方法，海洋预报，**16**(1)：11-20.

夏东兴，王文海，武桂秋等．1993．中国海岸侵蚀述要．地理学报，**48**(5)：468-475.

肖珑，陈凌，冯项云，冯英．2001．中文元数据标准框架及其应用．大学图书馆学报，(05)：29-35＋91.

徐枫．2003．科学数据共享标准体系框架．中国基础科学，**1**：46-51.

徐枫，宦茂盛，李宏轩，等．2004．科学数据共享工程技术标准：标准体系及参考模型（SDS／T1001．1—2004）［S］．

徐冠华．2003．实施科学数据共享，增强科技竞争力．中国基础科学，(1)：5-9．

徐慧，彭补拙．2003．国外生物多样性经济评估研究进展，资源科学，25(4)：102-109．

阎正，蒋景瞳．1998．城市地理信息系统标准化指南．北京：科学出版社．

杨华庭．1993．中国海洋灾害四十年资料汇编(1949－1990)［M］．北京：海洋出版社．

姚艳敏，周清波，陈佑启．2006．农业资源信息标准参考模型研究．地球信息科学，8(3)：98-103．

张保奎，徐世彬．2005．ETL数据集成方案初步研究，科学数据库通讯，(2)：42-45．

张健挺．1998．地理信息网络共享的研究和应用进展．地理科学进展．17(4)：73-78．

张晓林．2001．元数据开发应用的标准化框架．现代图书情报技术，(2)：9-11＋15．

张永战，朱大奎．1997．海岸带——全球变化研究的关键地区．海洋通报，(3)：69-80．

郑军卫，张志强，赵纪东．2008．21世纪地球科学研究的重大科学问题．地球科学进展，12：1260-1267．

中国科学院科学数据库资源整合与持续发展研究报告写作组．2009．中国科学院科学数据库资源整合与持续发展，科学数据库与信息技术论文集(第九集)．

朱铁稳，陈宏盛，景宁．2001．开放地理数据互操作规范综述．计算机科学，(7)：11, 12-15．

朱晓东，李杨帆，桂峰．2001．我国海岸带灾害成因分析及减灾对策．自然灾害学报，10(4)：26-29．

Abler Ronald F. 1987. The National Science Foundation National Center for Geographic Information and Analysis. *International Journal of Geographical Information Systems*，**1**(4)，303-326.

Ashrafi Noushin, Jean-Pierre Kuilboer. 1995. The Information Repository：A Tool for Metadata, Management，J. Database Management，Spring：3-12.

Bretherton F P, Singley P T . 1994. Metadata：a users' view. IEEE［M/CD］. ［s. l. ］：［s. n. ］，166-176.

CIESIN, CIESIN Metadata Ctuidelines. 1998. http：//www. cIesin. org/metadata/documentation/guidelines / toc. html.

Coastanza R, *et al*. 1997. The Value of the World's Ecosystem Services and Natural Capital. *Nature*，**38** (7)：253-260.

David Martin, Ian Bracken. 1993. The integration and socioeconomic and physical resource data for applied and management information systems. *Appl*, *Geography*，**13**：45-53.

Epaminondas Kapetanios, Ralf Kramer. 1995. A knowledge－Based System Approach for Scientific Data Analysis and the Notion of Metadata, Fourteenth IEEE Symposium on Mass Storage Systems，274-283.

ESRI. 1990. GIS Data management ［C］. ESRI.

Eugene A Fosnight. 1992. Data integration through region-based nominal filtering. *Int . J . Geographical Information Systems*，**6**(5)：469-478.

FGDC Clearinghouse. 1999. http：//www. fgdc. gov/clearinghouse/clearinghouse. html.

Guan-Hua Xu. 2007. Open Access to Scientific Data：Promoting Science and Innovation，*Data Science Journal*，Volume 6，Open Data Issue，pp. OD21-OD25.

Hans-J. Lenz. 1994. The conceptual Schema and External Schemata of Metadatabase IEEE 160-172.

Juanle Wang, Jiulin Sun, Yunqiang Zhu, Yaping Yang. 2013. A study on the organizational architecture and standard system of the data sharing network of earth system science in China. *Data Science Journal*，(12)：91-101.

Len Seligman，Arnon Rosenthal. 1996. A Metadata Resource to Promote Data Integration [A]. In：First IEEE Metadata Conference April 16-18，1996[C]. NOAA Auditorium，Silver Spring，Maryland.

Maguire D J，Goodchild M F，Rhind D W. Principles and Application（ed.）. Longman，Land on，337-360.

National Science Foundation. 2005. Long lived Digital Data Collections：Enabling Research and Education in 21st Century.

National Spatial Data Infrastructure Strategic Plan（2014—2016)[R]. 2013-07-31. Federal Geographic Data Committee.

Shepherd I D H. *et al*. 1991. Information integration and GIS in Geographical Information Systems：http：//eblackcu. net/sandbox/items/show/1322.

WDC Panel Meeting Minutes. 2008. ICSU Secretariat[M]. Paris，France.

Wood worth P，Troite J. 1998. Sea level observing systems. *Tiempo*，**30**(6)：223-234.

Xu，G. 2007. Open Access to Scientific Data：Promoting Science and Innovation，*Data Science Journal*，6，pp. OD21-OD25.